鹌鹑

快速致富

养殖技术大全

石建存 王建强 郎跃深 主编

U0222083

化学工业出版社

·北京·

内容简介

本书在吸取大型规模化鹌鹑养殖场成功经验基础上，综合国内外最新技术，讲解包含现代化、自动化、智能化养殖系统等既适合我国先进规模化养殖又适合散户、中小户养殖户的适用性鹌鹑养殖技术。本书以职业能力为核心，从鹌鹑养殖与疾病防治等相关岗位的工作实践中选取典型任务，有针对性地传授专业知识和训练操作技能。本书内容共分为六个单元，11个学习任务（任务描述及相关知识、操作步骤和方法、思考与训练等），还插入"小链接""知识链接"等，助力鹌鹑养殖户快速、便捷掌握现代化肉、蛋鹌鹑养殖与病虫害防治关键技术。

本书彩色印刷，赠送29个二维码视频资料，便于读者直观学习掌握。本书适合鹌鹑生产经营者、新农村建设和新型农民培训者及中等职业学校教师和学生参考阅读使用。

图书在版编目（CIP）数据

鹌鹑快速致富养殖技术大全/石建存，王建强，郎跃深主编. —北京：化学工业出版社，2022.7
ISBN 978-7-122-41228-7

Ⅰ.①鹌…　Ⅱ.①石…②王…③郎…　Ⅲ.①鹌鹑-饲养管理　Ⅳ.①S839

中国版本图书馆CIP数据核字（2022）第063454号

责任编辑：李　丽　　　　　　　　　　加工编辑：张春娥
责任校对：刘曦阳　　　　　　　　　　装帧设计：张　辉

出版发行：化学工业出版社（北京市东城区青年湖南街13号　邮政编码100011）
印　　装：河北京平诚乾印刷有限公司
850mm×1168mm　1/32　印张8¾　字数234千字　2022年8月北京第1版第1次印刷

购书咨询：010-64518888　　　　　　　售后服务：010-64518899
网　　址：http://www.cip.com.cn
凡购买本书，如有缺损质量问题，本社销售中心负责调换。

定　　价：59.90元　　　　　　　　　　　　　　　　版权所有　违者必究

编写
人员

主　编　　石建存　　石家庄市栾城区职业技术教育中心

王建强　　河北中禽鹌鹑良种繁育有限公司

郎跃深　　秦皇岛市青龙满族自治县职业技术教育中心

副 主 编　张昂克　　河南农业大学

张　铁　　河北农业大学

张召兴　　河北旅游职业学院

段晓红　　河北省畜牧良种工作总站

参编人员（以姓氏拼音为序）

段晓红　　河北省畜牧良种工作总站

郭彦军　　河北省畜牧良种工作总站

郎跃深　　秦皇岛市青龙满族自治县职业技术教育中心

罗文学　　河北省畜牧良种工作总站

石建存　　石家庄市栾城区职业技术教育中心

王建刚　　河北中禽鹌鹑良种繁育有限公司

王建强　　河北中禽鹌鹑良种繁育有限公司

张昂克　　河南农业大学

张　铁　　河北农业大学

张召兴　　河北旅游职业学院

前言

鹌鹑属鸟纲、鸡形目、雉科、鹌鹑属，现代家养鹌鹑是由野生日本鹌鹑驯化而来，已经成为一种高产家禽，并分化出蛋用鹌鹑和肉用鹌鹑两种类型。2020年5月，农业农村部公布了最新的《国家畜禽遗传资源目录》，鹌鹑被列入传统畜禽范畴，按照《中华人民共和国畜牧法》管理。鹌鹑性成熟较早，出壳35～40天开产，每只蛋用鹌鹑全年产蛋量300枚左右。鹌鹑蛋营养丰富，容易消化吸收，深受消费者欢迎，已经形成稳定的消费市场（见视频1）。

扫一扫
观看视频1

目前，我国鹌鹑养殖模式发生了质的飞跃，已从散户小规模向规模化、集约化、标准化、智能化方向发展。而影响鹌鹑饲养生产效益的因素是多方面的，其中鹌鹑养殖场建设和环境控制逐渐成为鹌鹑养殖成败的决定性因素。只有科学合理地建设鹌鹑养殖场，才能为鹌鹑创造良好的生长环境，满足鹌鹑生理需要，保证鹌鹑健康成长，发挥鹌鹑的生长产蛋潜能，降低鹌鹑的养殖成本，提高经济效益。而鹌鹑品种的选择、精准饲喂与管理是提高鹌鹑养殖效益的关键，也是解决饲料资源不足的重要途径，是生态文明建设的重要保障，是实现鹌鹑肉、蛋安全的有效途径之一。另外，在鹌鹑疾病防控方面，我国已经制定了一些国家标准和行业标准，聚合酶链式反应（PCR）等分子生物学诊断技术也越来越多地成为鹌鹑疾病诊断的标准方法。而大数据与人工智能技术也开始应用于鹌鹑的疾病诊断和防控。此外，我国在鹌鹑饲养管理设备现代化、智能化等方面也取得了突破性进展。比如在鹌鹑全自动化饲养中，与鹌鹑生长密切相关的光照、二氧化碳、空气、温湿度等借助传感器，通过农业物联网采集仪把数据实时地传输到物联网平台上，从而可以实现远程数据查看和智能分析，并可实现数据报警和自动控制的功能等。但目前鹌鹑生产存在三个突出的问题：一是品种退化普遍存在，良种繁育体系亟待加强。二是鹌鹑精细化管理跟不上，局部环境控制不能满足鹌鹑产蛋期的需要，生产性能无法充分发挥。表现为鹌鹑产蛋量整体降低，抗病能力也在降低，产蛋期的死淘率升高。三是鹌鹑产品深加工率不高（20%左右），多以鲜蛋供应市场，鹌鹑存栏量的变化会引起蛋价的波动。这就要求鹌鹑养殖者进一步提高自身的生产管理水平。而目前我国的鹌鹑现代化养殖场为数较少，大多数是中小规模鹌鹑养殖场，其生产经营者多数文化水平相对不高，基础理论了解较少，对鹌鹑的饲养管理、疾病防控知识掌握不牢，也就跟不上现代化鹌鹑快速养殖新技术发展的速度。因此，为了提高鹌鹑养殖者的理论知识、操作技能和对鹌鹑快速致富新管理技术的了解，我们编写了《鹌鹑快速致富养殖技术大全》一书。

本书在编写过程中，广泛吸取大型、规模化鹌鹑养殖场的成功养殖经验，综合国内外最新技术，综合介绍了适合我国国情的养殖技术，既包含先进规模化养殖技术，又包含散户、中小户养殖技术。本书本着"行动导向、任务引领、学做结合、理实一体"的原则编写，以职业能力为核心，努力从鹌鹑养殖与疾病防治等相关岗位的工作实践中选取典型任务，有针对性地传授专业知识和训练操作技能。本书的学习内容分别划分为若干个单元，再分为若干个学习任务，每个学习任务包括任务描述及相关知识、操作步骤和方法、思考与训练等，还插入"小链接""知识链接"等，力求适合鹌鹑生产经营者以及新型农民学用结合、学以致用的学习模式和学习特点。《鹌鹑快速致富养殖技术大全》分为"建设鹌鹑养殖场和设备制备""生长发育期鹌鹑的饲养管理""产蛋鹌鹑的饲养管理""肉用鹌鹑的饲养管理""鹌鹑常见疾病的防控技术""现代化鹌鹑养殖设备与管理"6个单元，共计11个学习任务。

本书系首次采用彩图、视频二维码混排，按照项目进行编辑的鹌鹑养殖图书，具有时代性。相关视频资料可以用手机扫描二维码进行详细观看学习。本书适合鹌鹑生产经营者、新农村建设和新型农民培训者及中等职业学校教师和学生参考使用。

在本书编写过程中，参考了大量的国内外相关研究文献资料、养殖场经验等，在此特向原作者表示深深的敬意和衷心的感谢。由于编者水平有限，撰写和统稿过程中难免存在疏漏和不妥之处，恳请同行专家学者和广大读者批评指正，提出宝贵意见和建议，并欢迎开展交流。

石建存

2022年4月

目录

单元一
建设鹌鹑养殖场和设备制备

--------- 单元提示 ---------

在建设农村鹌鹑规模养殖场时，由于受地理位置、资金等条件的限制，随意性较大，给防疫安全造成了较大隐患。为了加快鹌鹑饲养方式转变，提高鹌鹑养殖的规模化、集约化和标准化水平，需要以"生产高效、资源节约、质量安全、环境友好"为基本目标，建设鹌鹑养殖场和准备必要设备。本任务的完成需要养殖户在了解选择场址的要求基础上，合理分区与布局鹌鹑养殖场、鹌鹑舍，最后进行建设鹌鹑养殖场。另外还要设计与制作鹌鹑笼具、食槽、水槽及其他物品。

建设鹌鹑养殖场时应以既能满足鹌鹑的生理特点需要，提高产蛋率或产肉率，又能符合经久耐用、便于饲养管理以及提高工作效率为原则。同时，因地制宜，尽量采用机械化、自动化等先进设备，为逐步建成具有现代化水平的鹌鹑养殖场而努力。

一、做好场址选择

（一）注意地势地形

地势要高燥，向阳背风，地面平坦或稍有坡度，地形开阔整齐，这样可减少道路、管道、线路的投资，有利于鹌鹑养殖场内、外环境的控制，管理也方便。选址时还应注意远离沼泽湖洼，避开山尖或山谷低洼地区，以半山腰区较为理想。

平原地区场址应选在较周围地段稍高的地方。地下水位要低，以低于建筑物地基深度0.5m以下为宜。在靠近河流、湖泊的地区，所选场地应比当地水文资料中最高水位高1.0～2.0m。山区建场应选在稍平缓的坡上，坡面向阳，建筑区坡度应在2.5%以内，注意地质构成情况，避免断层、滑坡、塌方的地段，也要避开坡底和谷地以及风口。丘陵地区建场，鹌鹑养殖场应建在阳面。

（二）注意水源水质

要求水源充足，最好要有丰富和稳定的地下水，最好能自建深水井和修建水塔，采用深层水作为主要供水来源，满足生产、生活和消防需要；水质良好，水源中不能含有有毒物质，内无异味，清新透明，大肠杆菌不得超过标准含量，符合饮用水标准。水的pH值不能过酸或过碱，最适宜范围为6.5～7.5。注意避免地面污水下渗污染水源。如果使用自来水，应注意自来水中残留的氯对饮水免疫时疫苗的影响。

（三）考虑地质土壤

要求场地土壤以往未被传染病或寄生虫病原体污染过，透气性和渗水性良好，能保证场地干燥。一般鹌鹑养殖场应建在土质为砂质土或壤土的地带，地下水位在地面以下1.5～2.0m为最好。地面应平坦或稍有坡度。如为地面平养的鹌鹑，一般以砂壤土或灰质土壤为宜；笼养或离地饲养的蛋鹌鹑与土壤无直接关系，主要应考虑是否便于排水等。

（四）调查气候因素

必须详细调查了解建场地区的水文气象资料，作为鹌鹑养殖场建设与设计的参考。这些水文气象资料包括平均气温、夏季最高温度及持续天数、冬季最低温度及持续天数、降雨量、积雪深度、最大风力、主导风向及刮风的频率等。

（五）保证电力供应，交通便利

要了解供电源的位置与鹌鹑舍的距离、最大供电允许量、是否经常停电、有无可能双路供电等条件。鹌鹑养殖场的附近要有变电站和高压输电线，应保证鹌鹑养殖场的光照、通风、加热、自动化控制等设备设施的电力供应。如供电无保证，需自备发电机等设备。

了解拟建场区交通运输条件是否方便，鹌鹑养殖场要求交通便利，距地方交通主干道的距离一般在1.0km以上，不能太近，然后由干线修建通向鹌鹑养殖场的专用公路。公路的质量要求路基坚固、路面平坦，便于产品运输。

（六）注意环境疫情

特别注意不要在原有旧禽场上建场或扩建；对附近的历史疫情要做周密调查研究，特别警惕附近的兽医站、畜禽场、集市贸易、屠宰场的方位和距拟建场地的距离，以及有无自然隔离条件等，以对本场防疫工作有利为原则。

综上所述，蛋鹌鹑养殖场应建在环境比较僻静而又卫生的地方。一般要求离城市或集镇不少于2.0km，与其他家禽场距离最好不少于0.5km，并应远离工业公害污染区，其位置应选择交通方便、接近公路、靠近消费地和饲料来源地；一般要求距主要交通干线和居民区1.0km以上，距次级公路0.5km以上为宜；地势应高燥，背风向阳，通风良好，给排水方便，远离噪声；有稳定的水源，电力供应有保障，交通便利。

二、合理分区与布局鹌鹑养殖场

规模化、标准化的鹌鹑养殖场，总平面布置主要着重于做好功能分区和建筑物的合理布局，正确安排各种建筑物的位置、朝向、间距等，应按生活区、行政管理区、生产辅助、生产区和污物处理区五大区域合理划分（图1-1），协调一致，符合远景规划要求。

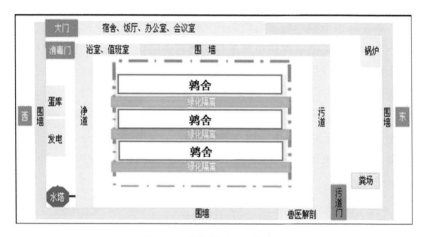

图1-1　鹌鹑养殖场总体布局

（一）合理分区

根据场地地势和当地全年主风向，顺序安排各区。对鹌鹑养殖场进行总平面布置时，主要考虑卫生防疫和工艺流程两大因素。场前区中的职工生活区应设在全场的上风向和地势较高地段，依次为生产技术管理区、鹌鹑群饲养区和粪污处理区等。鹌鹑养殖场必须严格执行生产区与生活和行政区相隔离的原则，生产区设在这些区的下风向和较低处，但应高于隔离区，并在其上风向。

一般行政区和生产辅助区相连，有围墙隔开，而生活区最好自成一体。通常生活区距行政区和生产区100.0m以上。污粪处理区应在主风向的下方，与生活区保持较大的距离，各区排列顺序按主导风向、地势高低及水流方向依次为生活区、行政区、辅助生产区、生产区和污粪处理区（图1-2）。如地势与风向不一致时以风向为主；风与水，以风为主。

图1-2　按风向、地势分区划分鹌鹑养殖场

（二）合理布置场前区

场前区布置包括行政管理用房、职工生活用房和间接生产性用房。

行政管理用房包括行政办公室、接待室、会议室、资料室、财务室、值班门卫室以及配电、水泵、锅炉、车库、机修等用房。

职工生活用房包括食堂、宿舍、医务室、浴室等房舍。

间接生产性用房包括饲料加工间和饲料库、蛋库、兽医室、消毒更衣室等。

场前区（见图1-3）是担负鹌鹑养殖场经营管理和对外联系的场区，应设在与外界联系方便的位置。大门前设车辆消毒池，两侧设门卫室和消毒更衣室。生活区位于鹌鹑养殖场主导风向的上方；行政管理区位于生活区的下方、鹌鹑养殖场大门入口附近。

图1-3　场前区样貌

鹌鹑养殖场的供销运输与外界联系频繁，容易传播疾病，故场外运输应严格与场内运输分开。负责场外运输的车辆严禁进入生产区，其车棚、车库也应设在场前区。

场前区、生产区应加以隔离。外来人员最好限于在此区活动，不得随意进入生产区。

（三）加强生产区布局

生产区包括各种鹌鹑舍，是鹌鹑养殖场的核心。鹌鹑舍的布局应根据主风方向与地势，按下列顺序设置：育雏育成舍、产蛋鹌鹑舍，也即育雏舍在上风向、产蛋鹌鹑舍在下风向。

育雏育成舍和蛋鹌鹑舍各舍采用全进全出饲养模式，配套合理。育雏区与成年鹌鹑区应隔一定的距离，防止交叉感染。

生产区入口处设有更衣换鞋室、消毒室或沐浴室。鹌鹑舍入口处设有消毒池或消毒盆。各鹌鹑舍的饲养管理人员、运输车辆、设备和使用工具要严格控制，防止互串互用。各鹌鹑舍间既要求联系方便，又要求有防疫隔离。

饲养场内严禁饲养其他禽、犬、猫等动物。场内应及时捕杀老鼠、消灭蚊蝇，以切断多种疾病的传播途径。

（四）做好隔离区布置

无公害鹌鹑饲养场应建有消毒室、兽医室、隔离舍、病死鹌鹑无害化处理间。

隔离区主要包括病、死鹌鹑隔离、剖检、化验、处理等房舍和设施，以及粪便污水处理及贮存设施等。隔离区是鹌鹑养殖场病鹌鹑、粪便等污物集中之处，是卫生防疫和环境保护工作的重点区域，该区应设在全场的下风向和地势最低处，且无害化处理间应距无公害鹌鹑饲养舍主风向下风口50.0m以上。贮粪场的设置既应考虑鹌鹑粪方便由鹌鹑舍运出，又方便运到田间施用。

病鹌鹑隔离舍应尽可能与外界隔绝，且其四周应有天然的或人工的隔离屏障，设单独的通路与出入口。病鹌鹑隔离舍及处理病死鹌鹑的尸坑或焚尸炉等设施，应距鹌鹑舍300.0～500.0m，且后者的隔离更应严密。

（五）合理规划鹌鹑养殖场道路

生产区的道路应净道和污道分开，互不交叉，出入口分开，以利卫生防疫。净道用于生产联系和运送饲料、产品；污道（图1-4）用于运送粪便污物、病/死鹌鹑、淘汰鹌鹑以及废弃设备等。在布置净道时可按梳状布置，道路末端只通鹌鹑舍，不再

图1-4　生产区污道

延伸，更不要与污道贯通。场前区与隔离区应分别设有与场外相通的道路。场外的道路不能与生产区的道路直接相通。与场外相通的道路，至场内的道路末端终止在蛋库、料库以及排污区的有关建筑物或建筑设施，绝不能直接与生产区道路相通。

场内道路应不透水，材料可视具体条件选择柏油、混凝土、砖、石或焦渣等，路面断面的坡度为1%～3%。道路宽度根据用途和车宽决定，通行载重汽车并与场外相连的道路需3.5～7.0m，通行电瓶车、小型车、手推车等场内用车辆需1.5～5.0m，只考虑单向行驶时可取其较小值，但需考虑回车道、回车半径及转弯半径。生产区的道路一般不行驶载重车，但应考虑消防状况下对路宽、回车和转弯半径的需要。道路两侧应留绿化和排水明沟位置。净道和污道以草坪、池塘、沟渠或者是果木带相隔。

（六）做好鹌鹑养殖场排水

排水设施是为排出场区雨水、雪水，保持场地干燥、卫生而设置

的。一般可在道路一侧或两侧设明沟，沟壁、沟底可砌砖、石，也可将土夯实做成梯形或三角形断面，再结合绿化护坡，以防塌陷。如果鹌鹑养殖场场地本身坡度较大，也可以采取地面自由排水，但不宜与舍内排水系统的管沟通用。隔离区要有单独的下水道将污水排至场外的污水处理设施。

（七）保证场区绿化

在鹌鹑养殖场植树、种草绿化，对于改善场区小气候、净化空气和水质、降低噪声等有重要意义。在进行鹌鹑养殖场规划时，必须规划出绿化地，其中包括防风林、隔离林、行道绿化、遮阳绿化、其他绿地等。

防风林应设在冬季主风的上风向，沿围墙内外设置，最好是落叶树和常绿树搭配、高矮树种搭配，植树密度可稍大些；隔离林设在各场区之间及围墙内外，应选择树干高、树冠大的乔木；行道绿化是指道路两旁和排水沟边的绿化，起到路面遮阳和排水沟护坡的作用；遮阳绿化一般设于鹌鹑舍南侧和西侧，起到为鹌鹑舍墙、屋顶、门窗遮阳的作用；其他绿地绿化是指鹌鹑养殖场内裸露地面的绿化（图1-5），

图1-5　场区绿化

可植树、种花、种草，也可种植有饲用价值或经济价值的植物，如果树、苜蓿、草皮等，将绿化与鹌鹑养殖场的经济效益结合起来。

三、科学设计鹌鹑舍

（一）选择鹌鹑舍类型

鹌鹑舍的类型主要分为开放式、采光封闭式两种。在进行鹌鹑舍建筑设计时应根据鹌鹑舍类型、饲养对象来考虑鹌鹑舍内地面、墙壁、外形及通风条件等因素，以求达到舍内最佳环境，满足生产的需要。

1.开放式鹌鹑舍

空气流通靠自然通风，光照是自然光照加人工补充光照。为了在夏季降温，通常在鹌鹑舍前栽种葡萄、南瓜等藤蔓类植物，避免阳光直射。

2.采光封闭式鹌鹑舍

这种鹌鹑舍除安装透明窗户之外，还安装有自动湿帘风机降温系统。在春秋季节窗户可以打开，进行自然通风和自然光照；夏季和冬季根据天气情况将窗户关闭，采用机械通风和人工光照。夏季使用湿帘降温，加大通风量，冬季减少通风量到最低需要量水平，以利于鹌鹑舍保温。

（二）鹌鹑舍数量

蛋鹌鹑的饲养分为两段式，即育雏、育成期为第一阶段，产蛋期为第二阶段，需建两种鹌鹑舍，一般两种鹌鹑舍的比例是1∶2。根据生产鹌鹑群的防疫卫生要求，生产区最好也采用分区饲养，分为育雏、育成区和产蛋鹌鹑区，雏鹌鹑舍应放在上风向，依次是育成区和成鹌鹑区。

（三）鹌鹑舍排列

鹌鹑舍群一般采取横向成排（东西）、纵向呈列（南北）的行列式

（图1-6），即各鹌鹑舍应平行整齐呈梳状排列，不能相交。鹌鹑舍群的排列要根据场地形状、鹌鹑舍的数量和每幢鹌鹑舍的长度，酌情布置为单列、双列或多列式。生产区最好按方形或近似方形布置，应尽量避免狭长形布置，以避免饲料、粪污运输距离加大，饲养管理工作不便，道路、管线加长，建场投资增加。

图1-6　鹌鹑舍排列

鹌鹑舍群按标准的行列式排列与地形地势、气候条件、鹌鹑舍朝向选择等发生矛盾时，也可将鹌鹑舍左右错开、上下错开排列，但要注意平行的原则，避免各鹌鹑舍相互交错。当鹌鹑舍长轴与夏季主风向垂直时，上风行鹌鹑舍与下风行鹌鹑舍应左右错开呈"品"字形排列，这就等于加大了鹌鹑舍间距，有利于鹌鹑舍的通风；若鹌鹑舍长轴与夏季主风方向所成角度较小时，左右列应前后错开，即顺气流方向逐列后错一定距离，也有利于通风。

（四）鹌鹑舍朝向

鹌鹑舍的朝向要根据地理位置、气候环境等来确定，适宜的朝向应满足鹌鹑舍日照、温度和通风的要求。

在我国，鹌鹑舍应采取南向或稍偏西南或偏东南为宜，冬季利于防寒保温，夏季利于防暑。北京市夏季太阳辐射也以西墙最大，冬季以南墙最大，北京地区鹌鹑舍的朝向选择以南向为主，可向东或向西偏45°，以南向偏东45°的朝向最佳。这种朝向需要进行人工光照补充，需要注意遮光，如采取加长出檐、窗面涂暗等方式减少光照强度。如同时考虑地形、主风向以及其他条件，可以作一些朝向上的调整，向东或向西偏转15°配置，南方地区考虑防暑，以向东偏转为好；北方地区朝向偏转的自由度可稍大些。

（五）鹌鹑舍间距

鹌鹑舍间距（图1-7）的确定主要从日照、通风、防疫、防火和节约用地等方面考虑，根据具体的地理位置、气候、地形地势等因素作出安排。

图1-7　鹌鹑舍间距

1.防疫要求

一般防疫要求的间距应是檐高的3～5倍，开放式鹌鹑舍应为5倍，封闭式鹌鹑舍一般为3倍。

2.日照要求

鹌鹑舍南向或南偏东、偏西一定角度时，应使南排鹌鹑舍在冬季不遮挡北排鹌鹑舍的日照，具体计算时一般以保证在冬至日上午9时至下午3时这6个小时内，北排鹌鹑舍南墙有满日照，即要求南、北两排鹌鹑舍间距不小于南排鹌鹑舍的阴影长度。经测算，在北京地区，鹌鹑舍间距应为前排鹌鹑舍高2.5倍，黑龙江的齐齐哈尔则需3.7倍，江苏地区约需1.5～2倍。窗户面积与室内面积之比以1∶5为好，这样可以更多地利用阳光，使舍内明亮、通风良好、干燥，冬暖夏凉，尽量安装纱窗，以防蚊蝇。

3.通风要求

鹌鹑舍采用自然通风，且鹌鹑舍纵墙垂直于夏季主风向，间距应为鹌鹑舍高度的4～5倍；如风向与鹌鹑舍纵墙有一定的夹角（30°～45°），涡风区缩小，间距可短些。一般鹌鹑舍间距取舍高的3～5倍时，可满足下风向鹌鹑舍的通风需要。鹌鹑舍采用横向机械通风时，其间距因防疫需要也不应小于舍高的3倍；采用纵向机械通风时间距可以适当缩小，1～1.5倍即可。

4.消防要求

防火间距取决于建筑物的材料、结构和使用特点，可参照我国建筑防火规范设置。鹌鹑舍建筑一般为砖墙、混凝土屋顶或木质屋顶并做吊顶，耐火等级为二级或三级，防火间距为8.0～10.0m。

总之，鹌鹑舍间距不小于鹌鹑舍高度的3～5倍时，可以基本满足日照、通风、卫生防疫、防火等的要求。一般密闭式鹌鹑舍间距为10.0～15.0m；开放式鹌鹑舍间距约为鹌鹑舍高度的5倍。

（六）鹌鹑舍设计与建造

1.合理设计、建设鹌鹑舍

鹌鹑舍要求冬暖夏凉，既能保温，又可防暑，且通风良好，清洁卫生，有利于防疫消毒，并可防水、防兽害；饲养管理操作方便，减轻劳动强度，提高工作效率；结构简单、实用、牢固、耐久，取材方便，造价较低。

扫一扫
观看视频2

（1）育雏室　规模化的鹌鹑养殖场一般都设有专门的育雏室，育雏室的大小一般根据成鹌鹑室容鹌鹑量而定，宽度一般在3.0m左右，高度在2.5m左右即可，墙厚度24.0cm。一次可育雏5000只的鹌鹑育雏舍构造平面图如图1-8所示。（育雏室建造见视频2）

图1-8　育雏舍平面

（2）成鹌鹑室　成鹌鹑室的建筑（见视频3）要求与育雏室基本相同，宽度比育雏室稍宽一些，要达到3.5m，每栋鹌鹑舍之间要隔3.0～5.0m，鹌鹑舍与鹌鹑舍之间要栽上树木，如梧桐、白杨等，其目的是树叶不仅能过滤空气中的细菌、灰尘，提供大量的新鲜空气，在炎热的夏季还可起到防暑降温的作用。

扫一扫
观看视频3

实验证明，有树木遮阴的鹌鹑舍比阳光直射的鹌鹑舍舍内温度至少低3～5℃。

2.地面设计与处理

鹌鹑舍内的地面要铺水泥或红砖，便于清扫和冲洗、消毒。要求地面平整，坚决不留鼠类打洞的空间。做地面时要注意有一定的落差（倾斜度），即临近缓冲室一头稍高一点，另一头稍低一点，并设有排水沟（图1-9），向室外留有排水口，这样冲洗时比较方便，粪水容易排出室外，防止积水，保持舍内干燥。地面一般采用炉灰渣夯实，面上抹一薄

图1-9　鹌鹑舍地面及排水

层水泥，既经济又实用，且保温性良好。

3.墙壁的设计与处理

一般采用砖墙。寒冷地区的北墙为了保温可加厚或用空心砖墙，也可采用土墙，以达到保温防寒的目的。鹌鹑舍内墙需用沙灰（沙子和石灰的混合物）先抹一遍，厚度为1.0cm，然后再用白灰抹成白色。外墙需用水泥勾缝，屋顶可采用水泥空心板结构，除做好防水层外，还需有10.0cm厚的保温隔热层，以保持室内温度稳定（图1-10）。

图1-10 墙壁处理

4.窗户的设计与处理

窗户大小适中，不宜过大。北方可采用南窗为直立式，北窗为水平式，冬季北窗外钉一层塑料薄膜。南方南北窗均可采用直立式窗户。窗户透进的阳光不能直接照射到笼内。窗户（图1-11）应设有铁丝网罩，以防动物侵害，夏季应有窗纱，防止蚊蝇侵入鹌鹑舍。

育雏室的窗户有两个用途，一是采光，二是通风换气。由于育雏阶段的雏鹌鹑需要温度较高，一般墙壁两侧窗户都用透光度较强的塑料布封死，只单独把天窗留作活动的通风口来调节室内的空气和温度。天窗及窗户都要用1.0cm孔径的电焊网封闭，以防鼠类进入。

图 1-11 鹌鹑舍屋顶和窗户

5.屋顶的设计

要求隔热保温，最好设有顶棚，有利于冬季保温、夏季散热。顶棚距地面的高度要根据笼子的高度进行设计，南方炎热地区一般高于笼顶50.0cm，北方寒冷地区一般高于笼顶30.0cm。若过低，夏天热；若过高，既不利冬季保温，又增加建筑成本。在顶棚上应开设通风窗（图1-11），窗上装上铁丝网，并设有调节板，以便调节舍内通风量和控制温度。

屋顶的形状有多种，按鹌鹑舍进深进行选择，如果进深不超过3.6～4.0m，用单坡式或双坡式即可；若进深大，可选用联合式、双坡式。在南方温暖地区，还可采用半钟楼式。

以上介绍的是专门的育雏室建筑构造，适于规模化的鹌鹑养殖场。若是农户少量饲养，随便一处房屋稍加改造便可进行饲养，但需注意的是无论是作育雏室还是作成鹌鹑室，只要做到有风可通、有光可采、有鼠可防就行了。

6.建筑材料的选择

墙体的建筑材料多数使用机制砖或空心砖，屋顶材料要求绝热性能良好，采用机制瓦、双层石棉瓦或预制板等材料时，应建隔热层。目前有的鹌鹑舍墙体和屋顶均采用隔热彩钢板（图1-12），其保温性能、耐用性都较好，适宜规模化养殖场选择使用。

图 1-12 鹌鹑舍建筑材料

（七）鹌鹑舍防寒

由于鹌鹑具有喜温暖、怕寒冷的习性，并且我国东北、西北、华北等寒冷地区冬季气温低，持续期长，因此，饲养鹌鹑主要解决的矛盾为防寒。而在舍温35℃以内时，对鹌鹑的生产性能影响较小，并且防暑问题随着鹌鹑舍隔热设计和笼具等问题的解决，即能达到要求。

1.加强鹌鹑舍保温隔热设计

鹌鹑舍的外围护结构是散热最多的部分。外围护结构包括屋顶和外墙，组成鹌鹑舍的外壳。冬季通过墙壁损失的热量占总损失热量的35%～40%，因此严寒地区考虑建筑材料的性质和厚度，即可减少失热量，增强保温程度。冬季通过天棚或屋顶失热量约占总失热量的36%，因此，除了材料要选择保温隔热的以外，还应设有天棚，并且要考虑屋顶的样式。

2.加大跨度

适当加大鹌鹑舍的跨度，间接缩小单位面积的外围护结构，以减少外围护结构的热量散失，达到保温的目的。跨度加大后，则会出现通风问题，南方地区可采用天窗或半钟楼式结构来解决；寒冷地区可以少设或不设窗户，采用塑料明瓦来解决采光和通风问题。

3.增加饲养密度

利用鹌鹑自身放散的热量达到鹌鹑舍的适宜温度（20～25℃）。一般是增加笼子的层数，可由原来的5层增加到8～10层，笼子的高度不能超过饲养人员的视线，以便于管理。

4.确定主要供暖方式

（1）地下火道供温 在育雏室的一端设火炉、另一端设烟囱（图1-13），室内地下有数条火道将两者连接。烧火后热空气经过地下火道从烟囱排出，从而使室内地面及靠近地面的空气温度升高。其优点是室内没有空气污染，空气新鲜。但是该种供暖方式比较浪费燃料，建筑工序比较烦琐，成本较高。这种供暖方法适用各种育雏方式。（视频4）

扫一扫
观看视频4

图1-13 地下火道烟囱

（2）火炉供温 育雏舍内燃有火炉（图1-14），用管道将煤烟排出室外，以免室内有害气体积聚。这种供热方法的优点是室内升温较快，温度稳定，但空气中二氧化碳含量较高，空气新鲜度较差。采用这种方式育雏，炉火必须安装烟筒，一定要注意防止一氧化碳中毒并做好通风换气工作。（视频4）

图1-14 火炉供温

（3）热风炉供温　火炉设在房舍一端，经过加热的空气通过管道上的小孔散发进入舍内，空气温度可以自动控制。这在较大规模的房舍中使用效果较好。

小链接 暖域温控系统控温原理

水通过数控节能锅炉加热，在热力泵的作用下，将热量输送到厂房车间，在轴流风机和散热器的共同作用下，迅速释放热量，从而达到快速升温的效果。

暖域智能控制系统为两路控温、多路报警，一路控制室温，一路控制锅炉水温。

① 室温通过散热器控制，温度由数字传感器反馈到智能控制系统。当室温低于设定下限时散热器开始工作，达到设定上限时散热器停止工作（室温上限一般比下限高0.2 ~ 1℃）。

② 锅炉水温通过烟道引风机控制，温度由数字传感器反馈到智能控制系统。当水温低于设定下限时烟道引风机开始工作，水温开始上升，当水温达到设定上限时烟道引风机停止工作（水温上限一般比下限高3℃），既没有多余能量的浪费，又能充分保证车间所需的热量。

（4）暖域计算机智能温度控制系统　该系统由河北中禽鹌鹑良种繁育有限公司首次应用并生产推广。该系统主要由多回程涡轮助燃节能锅炉（图1-15）、暖域计算机智能温度控制系统（图1-16）、引风机、暖风机（图1-17）、轴流风机（图1-18）以及管道等组成（图1-19，图1-20）。其主要特点：一是升温迅速，在自然环境10℃情况下，从点火算起，室内温度升至38℃仅需30min，0℃情况下需1 ~ 2h，−10℃情况下需3 ~ 4h。二是智能控温，一次输入，每天温度轻松设定。另外附加超温报警、低温报警、停电报警、超高温自动降温、锅炉熄火报警、手自动无忧切换等功能。在整个育雏期，全部温度自动控制。三是环保节能，比热风炉节煤50%以上、节电80%。烟道穿过鹌鹑舍，可充分发挥余热，无煤气中毒现象。四是独立的曲线降温功能，还可用于夏季降温。该取暖方式适合于规模化鹌鹑养殖场，目前随着节能、环保的不断提升，该控温系统的多回程涡轮助燃节能锅炉已由燃煤加热改造升级为电或天然气加热。暖域温控与热风炉供温效果比较见表1-1。

表1-1 暖域温控与热风炉供温效果比较

鹌鹑育雏	面积/m²	数量/只	外界温度/℃	育雏周期/天	平均每小时耗电/kW	控温精度/℃	燃煤量/t	平均能量消耗/(元/只)
热风炉	1000.0	70000	−10	20	5～7	2～3	10	0.14
暖域温控	1000.0	70000	−10	20	≤1	±0.1	5	0.07

图1-15 多回程涡轮助燃节能锅炉　　图1-16 暖域计算机智能温度控制系统

图1-17 暖风机及管道　　　　　　图1-18 轴流风机

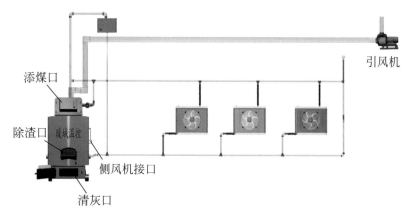

图 1-19　计算机智能温度控制系统成套设备
安装示意［烟道走向示意（正面）］

图 1-20　鹌鹑舍内暖风机及管道布局

四、设计与制作鹌鹑饲养笼具

笼具是鹌鹑养殖场重要的设备，按饲养工艺、生长发育与生产阶段，可大概分为雏鹌鹑笼、仔鹌鹑笼、蛋鹌鹑笼、肥育笼、运输笼等。

（一）设计与制作育雏笼（或箱）

育雏笼（或箱）主要养育0～2周龄或3周龄的雏鹌鹑。它们的形式多样，常用的有育雏笼、简易育雏箱、小型育雏箱等。

1.立体育雏笼

常用的有五层叠层式，每层长100cm、宽60cm、高20cm。每层间距10cm，最下层离地30cm。层与层之间设承粪板。门在正面，左右分成3段，各门均蒙以孔眼为15mm×10mm的铁丝网，用合页焊在下框上，上方用搭钩固定。顶网、两侧及后壁用孔眼15mm×10mm的塑料网或金属网封好。为了能一笼多用，即从出壳养到30日龄，均在同一笼内饲养，底网可先安装20mm×20mm网眼的金属编织网，上面再放置一块6mm×6mm或10mm×10mm网眼的金属网，直到14日龄时取出。每层内悬挂白炽灯泡，以调节不同日龄鹌鹑所需环境温度。食槽和水桶均放入笼内。气温低时，顶网上可加盖木板或硬纸板等，四周围以塑料薄膜保温。笼均安放在笼架的角铁上，要装置牢固、平稳。育雏笼的热源有电热丝（300W串联，均匀分布，底层为500W）或电热管（与电热丝同）或白炽灯泡（25～100W）或红外线灯等，可根据温度进行自控，照明灯另设。育雏舍也可用暖域计算机智能温度控制系统自动控制温度。

2.简易育雏箱

适用于家庭小量养鹌鹑，箱体大小按每平方米100只左右制作（图1-21）。制作时采用纸箱或木箱均可，将箱子长度分三等分，在一端的1/3处悬挂一盏电灯（最好是红外线灯泡），在灯下距离箱底2.0～3.0cm处调节温度为38～40℃时，固定灯线，适于出壳头三天的育雏温度，然后随日龄增加而进行调整。箱底铺麻袋片或刨花等，箱顶上盖塑料纱窗或孔眼为15mm×10mm的铁丝网，以防雏鹌鹑飞出箱外。如果室温低，箱内温度不易保持，可在箱顶上加盖纸板等保温物品。（视频5）

扫一扫
观看视频5

图 1-21　简易育雏箱

3.小型育雏箱

箱的右侧为栖室（保温室）、左侧为运动场。栖室顶上装有2个红外线灯泡，亦可安装2个普通灯泡，灯泡的瓦数根据日龄可进行调换。育雏箱栖室底部为金属网，网眼为6.0mm，对于1周龄内的雏鹌鹑，可在网上铺麻袋片，网底下部设有承粪盘，侧壁设有换气孔。栖室与运动场相通处挂有布帘，运动场设有食槽和饮水器，在运动场底部同样设有金属网和承粪盘。

4.平面育雏笼

平面育雏笼一般有木质结构和金属结构（图1-22）两种，在农村的一般小型鹌鹑养殖场都采用木质结构，这种结构取材方便，成本低。而大型鹌鹑养殖场一般采用钢筋结构。（视频6）

扫一扫
观看视频6

图 1-22　平面育雏笼

　　育雏笼一般长200.0cm、宽90.0cm、高25.0～30.0cm，但要从中间分成均等的两部分，每部分0.9m²，两部分共可育雏鹌鹑400只左右（图1-23）。育雏笼的底网一般采用孔径为0.5cm的镀锌电焊网，四周可用防蚊蝇用的窗纱包裹。育雏笼可靠墙用铁丝吊起，一般离地面高度1.2m左右，吊得太低温度较难掌握，而吊得太高则空气新鲜度不够且不便管理。

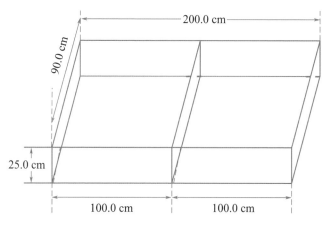

图 1-23　平面育雏笼结构

（二）设计与制作育成笼

育成笼可供3周龄或4～6周龄仔鹌鹑用，也可作为育肥笼或种公鹌鹑笼使用。其规格与育雏笼相同，底网规格为网眼20.0mm×20.0mm的金属编织网（必要时上面再铺一块网眼为10.0mm×15.0mm的塑料网过渡）。料槽与水槽可悬挂于笼外，采食面的网与饮水隔栅间距应另行设计，防止逃逸和便于饮食。承粪板规格与要求同育雏笼，如仍有保温需要，则供热设备规格也应相同。

大中型鹌鹑养殖场为了满足育成鹌鹑的特点和生产的需要，需单独设置育成笼。育成笼的样式与成鹌鹑笼的设计制作相似，不同之处主要是不设蛋槽，防止鹌鹑从蛋槽孔隙中窜出时损伤或卡死鹌鹑。另外，网底和前网网眼比成鹌鹑笼网眼窄一些。

小型鹌鹑养殖场可以不设育成笼，往往由育雏笼代替，或者饲养到一定时期直接转到成鹌鹑笼内饲养。

（三）设计与制作成鹌鹑笼

成鹌鹑笼专供产蛋鹌鹑用，不配置种公鹌鹑。因此，其笼高（中线）可缩短至180.0～200.0mm，并且不设中间隔栅而成为大单元统间，叠层增至6～7层，饲养密度具体可按品种、季节以及饲养管理水平而定。

1.6层阶梯式笼具

笼具每层的长度为1.8m、宽0.65m、高0.18m，中间加隔栅，分成平均的两部分，每部分可饲养成鹌鹑40只，一层共养80只（图1-24）。这种笼具可根据场地的不同任意组合，既可组合成6层，也可组合成8层、5层、4层，使用方便。

图1-24　6层阶梯式蛋鹌鹑笼具

2.鹌鹑笼的组合形式

一般有两种组合形式，一种是排列形式与鹌鹑舍长轴成垂直方式；另一种是排列形式与鹌鹑舍长轴成平行方式（图1-25）。

图1-25　蛋鹌鹑笼的组合形式

3.层数与高度

一般为5～6层，最多8～10层。最高层以眼能看到，手可摸到，喂料、饮水、捡蛋等方便为原则。另外，炎热地区较低的鹌鹑舍，层数少一些为好；寒冷地区及较高的鹌鹑舍，层数多一些为好。每层笼子的高度以12.0cm为标准，过高鹌鹑易受惊，易撞破头部，造成外伤。南方炎热地区为了通风可适当增加高度。

4.倾斜度

笼底及蛋槽要前低后高，设有一定的倾斜度。若笼的进深为30.0cm，则前面要比后面低3.0～4.0cm。鹌鹑产蛋后，由于走动碰到鹌鹑蛋就会滚落进集蛋槽内，便于捡蛋。

5.笼长、宽、高与笼门的确定

笼长应根据鹌鹑舍大小和排列形式来确定。如果是新建鹌鹑舍，首先应确定笼长和排列形式，并以此来设计鹌鹑舍的尺寸；其次是根据笼架材料来考虑。一般笼长1.8m、宽0.65m、高0.18m，笼门宽约10.0cm左右（图1-26），便于捉鹌鹑。

图1-26 蛋鹌鹑笼

6.承粪盘（板）

采用不透水的各种材料制作承粪盘（板）。

采用铁丝框加塑料薄膜制作的承粪板，既轻便，又便于洗刷、消毒，不仅成本低，还可防止鹌鹑受惊时上飞撞到笼顶，保护鹌鹑头部。

7.笼壁

可采用铅丝编制，采用压弯的铅丝编制较为理想，前后壁网眼为2.3～2.5cm，便于鹌鹑头伸出来吃食和饮水。笼底的网眼为1.2～1.5cm。如用铅丝编成六角形网眼，最宽距离为1.5cm。

五、料槽和水槽

育雏阶段食槽和水槽都要放入育雏箱（笼）内，所以食槽和水槽要便于拿进拿出、冲洗消毒、填料换水，特别是要防止雏鹌鹑扒料造成饲料浪费。饮水器要注意安全保护，防止弄湿鹌鹑羽毛或淹死鹌鹑。

1. 料槽

由于雏鹌鹑体型较小，1～5日龄可不使用料槽，每一育雏笼内铺一块棉布，把饲料洒在上面即可。5日龄后可采用专用育雏料槽饲喂。专用育雏料槽长40.0cm、宽25.0cm、四周高3.0～4.0cm，一般可用薄铁皮或三合板制成。

（1）U形料槽　适于1～10日龄的鹌鹑使用。在斜面上铺一块1.0cm网眼的铁丝网，防止雏鹌鹑把料刨出槽外。

（2）山形料槽　鹌鹑吃食有钩食甩头的习惯，常把饲料刨出来，所以在槽边要做一个3.0～5.0mm宽的回挡。

（3）双圆形料桶　（图1-27）容纳饲料较多，随鹌鹑啄料，筒内的饲料会下落到槽内。其适用于10～20日龄的鹌鹑。如将尺寸缩小，同样适合于1～10日龄鹌鹑。

（4）长方形料槽（图1-28）　适用于育成鹌鹑和蛋鹌鹑使用，一般长180.0cm。

料槽一般放在笼子前面，注意防止水槽水漏进料槽。此料槽不适用于大中型自动进料鹌鹑养殖场。

图1-27　料桶　　　　　　　　图1-28　长方形料槽

2. 选择合适的饮水器

育雏期使用的饮水器一般采用塔式自动饮水器或碗式自动饮水器

（图1-29），也可采用罐头瓶扣在小碟上用小木棍把瓶口支起来做自动饮水器（图1-30）。

图1-29　碗式自动饮水器

图1-30　罐头瓶饮水器

自制饮水器可用塑料盘加塑料碗、塑料杯、大小铁皮罐头盒或玻璃罐头瓶来制作，盘底应大于$2.0 \sim 3.0cm$，但不能太大，太大后雏鹌鹑易进入，甚至淹死。反扣的塑料瓶、杯及罐头盒应钻$0.4cm$直径小孔，孔高不能超出盘底上缘，防止水从水盘中溢出；用铁皮制作应加涂油漆防锈；用玻璃罐头瓶制作，不易打孔，应加垫。

❓ 思考与训练

1. 小赵计划在本村外新建一座蛋鹌鹑养殖场，请你给他指出建场选址的一些注意事项。

2. 老刘想在一块儿选好场址的地方建一座1万只蛋鹌鹑的饲养场，请你给他设计各场区的分布图，并对鹌鹑场建设提出合理化建议。

3. 张三计划饲养鹌鹑，为了节约成本，他打算自制笼具和养鹌鹑设备，现请你帮他设计并画出设计图。

单元二
生长发育期鹌鹑的饲养管理

单元提示

鹌鹑一般在35日龄左右开始产蛋，产蛋前（1～35日龄）主要是生长发育阶段，各种器官在这一时期基本发育成熟，所以把1～35日龄的这一阶段称为生长发育期。生长发育期又可分为育雏期和育成期两个阶段。本单元主要从做好育雏前的准备、抓好雏鹌鹑饲养管理、抓好育成期的饲养管理三个方面进行介绍。

学习任务一　做好育雏前的准备

任务描述

蛋鹌鹑的育雏期是指从鹌鹑出壳到20日龄的阶段。要想做好育雏工作，首先要重视育雏前的准备工作，只有这样才能有的放矢，提高育雏效率。这就需要首先认清雏鹌鹑的生理特点与习性、明确雏鹌鹑的培育目标，然后做好育雏前的准备的工作，在此基础上，选择健康的雏鹌鹑，做好运输雏鹌鹑的工作，最后选择合适的育雏方式和配制全价配合饲料，至此，育雏前的准备工作完成。

一、认清雏鹌鹑的生理特点与习性

育雏首先应了解雏鹌鹑的生理特点，并根据其特点，采取相应的技术措施，创造一系列有利于雏鹌鹑生长发育的环境条件。

1.生长发育迅速，代谢旺盛，性成熟早

要求饲养时严格按照雏鹌鹑的营养标准给以满足，尤其应注意蛋白质、能量、矿物质与微量元素、维生素等的供给，以满足雏鹌鹑快速生长的需要。同时还要注意合理通风，保证育雏期各种环境条件的良好。

2.体温调节能力差，抗寒能力弱

鹌鹑性喜温暖、干燥，畏寒冷，怕潮湿，生产上要为雏鹌鹑创造温暖、干燥、卫生、安全的环境条件，采取人工保暖是提高雏鹌鹑成活率的关键技术措施之一。

3.雏鹌鹑的胃肠道容积小，消化能力差

要求给予雏鹌鹑含粗纤维低、易消化、营养全面而平衡的日粮，同时要注意少喂勤添，适当增加饲喂次数，对于棉籽饼、菜籽饼等非动物性蛋白质饲料，适口性差，雏鹌鹑难以消化，应适当控制比例。

4.幼雏羽毛生长快、更换勤

要求雏鹌鹑日粮的蛋白质（尤其是含硫氨基酸）水平要高。

5.雏鹌鹑体小，抗病力差，神经敏感，自卫能力差

雏鹌鹑较易患鹌鹑白痢、大肠杆菌病、传染性法氏囊病、球虫病、慢性呼吸道疾病等，因此，平时一定要注意严格控制环境卫生条件，做好消毒、保温和疾病预防（免疫接种与投药预防是两条关键措施）工作。另外，雏鹌鹑对鼠类及其他肉食性野生动物和家养动物的侵害无法自我防御，应做好防御工作。

6.雏鹌鹑胆小，群居性和敏感性强

生产中应保持环境安静，避免出现噪声或使雏鹌鹑受到惊吓，非

工作人员严禁进入育雏室。

二、育雏前的各项准备工作

根据雏鹌鹑的生理特点，育雏前必须制订完整周密的育雏计划，做好育雏前的准备工作以及雏鹌鹑的选择与运输和雏鹌鹑的饲养管理等工作。为了使育雏工作能够按计划有条不紊地进行，且取得良好的育雏效果，育雏前必须做好以下几方面的工作。

（一）配备育雏人员

育雏是一项艰苦而细致的工作，要求育雏人员具有高度的责任心、极强的事业心和吃苦耐劳的精神，并掌握一定的鹌鹑养殖知识或经验。饲养人员应勤于钻研饲养业务知识，不断吸收和应用新技术，提高饲养和经营管理水平，确保雏鹌鹑正常生长发育。建议对育雏人员给予适当的专业培训。

饲养员及场内其他工作人员应定期体检，取得健康合格证后方可上岗工作。

（二）拟订育雏计划

根据房舍、设备条件、饲料来源、资金多少、饲养场主要负责人的经营能力、饲养管理技术水平以及市场需求等具体情况，拟订育雏计划。育雏计划包括确定饲养的品种、育雏时间、育雏数量、饲料购置、免疫与预防投药等，首先确定全年总共育雏的数量、分几批育雏及每批的饲养规模；然后再拟订进雏及周转计划、饲料及物资供应计划、防疫计划、财务收支计划及育雏阶段应达到的技术经济指标等。

1.确定育雏时间

规模较大的鹌鹑养殖场，全年任何时期育雏都能获得良好的育雏效果，此时，育雏季节的选择依据是全年均衡地向市场供应鹌鹑蛋，充分利用育雏舍的使用面积。

2.预订雏鹌鹑

应选择信誉好，品种纯，疾病少，管理完善，有营业执照、种畜禽生产经营许可证以及动物防疫合格证等的种鹌鹑养殖场孵化场所孵化的鹌鹑，比如可到"河北中禽鹌鹑良种繁育有限公司"订购。(图2-1)，预订的数量应超出预计成鹌鹑数的5%。订购鹌鹑时应有合同，合同内容包括供鹌鹑时间、数量、运费、雏鹌鹑鉴别准确率、1周内雏鹌鹑成活率以及违约后的处理办法等。接鹌鹑的大概时间确定后，要准备育雏室。

图 2-1　适合雏鹌鹑预订的鹌鹑养殖场

3.其他计划内容

其他还包括垫料使用量、管理费用及每批育雏成本等。

（三）准备育雏室和育雏用具

包括对育雏室进行清扫、水洗以及房屋修缮和内部供热设施等的检修。育雏室应做到保温良好，不透风、不漏雨、不潮湿、无鼠害、通风换气良好、地面干燥、室内光线充足。正式育雏前要检查屋顶是否漏雨，门窗是否需要修理，舍内墙角、墙边是否有鼠洞；检查通风设备是否良好，风机转动时噪声如何，带传动的风机还要看转速是否合适，所有风口、换气窗都要有防兽害的铁网；检查电源供电情况、舍内照明分布是否合理；检查上、下水系统，发现堵水、漏水应及时处理；对舍内供温系统等设备应进行检修；食槽、饮水器等育雏器具在使用前要进行彻底检修，不能有损坏，确保物品充足。另外，还要准备好储料器、燃料、照明灯等。育雏室及用具如图2-2所示。

图2-2　育雏室及用具

（四）清洗和消毒育雏室（舍）及设备

1. 冲洗

育雏舍的地面、墙壁，应先用水冲洗干净。冲洗前先关掉电源，将不防水灯头用塑料布包严，然后用高压水龙头冲洗舍内各处的表面、鹌鹑笼、各种用具以及鹌鹑舍周围，直到肉眼看不见污物。

2. 干燥

冲洗后充分干燥可增强消毒效果，同时可避免使消毒药浓度变稀而降低灭菌效果。对铁质的平网、围栏与料槽等，晾干后便于用火焰喷枪灼烧。

3. 药物消毒

消毒时将所有门窗关闭，以使门窗表面都能喷上消毒液，要选用广谱、高效、稳定性好的消毒剂。育雏所用器具可选用消毒药液，如0.1%新洁尔灭、0.3% ～ 0.5%的过氧乙酸、0.2%次氯酸等消毒，再用清水冲洗后放在日光下晒干。地面用1% ～ 3%的火碱水浸泡2 ～ 4h后再用清水冲洗干净。墙壁先用1% ～ 2%的克辽林消毒，再用10%生石灰乳粉刷。用0.1%的新洁尔灭或0.1%的百毒杀浸泡塑料盛料器与饮水器，饲槽、饮水器用清水洗刷后再用0.1%的高锰酸钾水消毒，然后用清水洗净。鹌鹑舍周围也要进行药物消毒。

4. 熏蒸

新育雏舍连同育雏笼可在试温后进雏前48h进行。可采用甲醛密闭熏蒸（图2-3）（视频7），每立方米用甲醛40.0mL，可兑部分水后盛在金属容器内放置炉火上通过加热蒸发，封闭育雏室24h。旧鹌鹑舍的消毒可先用2%的火碱水把墙壁和地面完全喷洒一遍，然后再用石灰乳粉刷，最后再用甲醛熏蒸一次。

扫一扫
观看视频 7

消毒后的鹌鹑舍应空闲1 ～ 2周方可使用。

图 2-3 熏蒸消毒

5.检修照明设施

经常停电的地方要准备小型发电机。

（五）预热试温

无论采用哪种育雏方式，在进雏前5天都要对育雏室和育雏器进行预热试温（视频7），并检查能否达到育雏所要求的温度，以便及时调整。雏鹌鹑进入前2天，要将育雏室内的所有条件都调到育雏所需要的标准，尤其是温度，一般笼养育雏室为38～39℃，育雏舍相对湿度为60%～65%。待温度正常时，可以接鹌鹑。

（六）准备育雏用的饲料、垫料、药品及疫苗等

育雏前必须按雏鹌鹑饲养标准拟订的日粮配比准备足够的饲料，特别是各种添加剂、矿物质和动物性蛋白质饲料。此外，还要准备一些常用药品、疫苗等（视频7）。

雏鹌鹑体型较小，育雏期前10天要求粉碎后的饲料全部能通过0.15cm孔径的筛底，饮水要用清洁的凉开水。

三、选择初生雏鹌鹑与运输雏鹌鹑

（一）选择优良的蛋鹌鹑品种

鹌鹑品种是决定产蛋率和生产效益高低的一个关键性因素。我国

常见的蛋用型鹌鹑品种有中国白羽鹌鹑、朝鲜鹌鹑、法国白羽鹌鹑、日本鹌鹑等，具体品种特点介绍如下。

1.中国白羽鹌鹑

俗称白鹌鹑，是我国目前饲养量最大的自别雌雄鹌鹑之一（图2-4），是由原北京市种鹌鹑场、中国农业大学和南京农业大学联合育成的新品种。该项成果曾获农业部国家科技进步三等奖。自1995年北京市种鹌鹑场破产后，该品种一直由河北中禽鹌鹑良种繁育有限公司保种并进行了严格的选育，其各项生产性能均有了较大提高，育雏期成活率由原来的75%提高到95%～97%，全年平均产蛋率达到了85%～90%，可饲养12～16个月，而自然淘汰率为10%。该品种为目前国内最优秀的蛋鹌鹑品种之一。

图 2-4　中国白羽鹌鹑

左图为雏鹌鹑（浅黄色为母鹌鹑，栗羽为公鹌鹑）；右图为成年鹌鹑

白羽纯系、自别系的体型与朝鲜龙城鹌鹑相似，体羽洁白丰满，背部偶有褐斑；喙、胫、脚灰白色，腿透明粉红色；抗病力强，性情温顺，不爱动、不挑食；具有伴性遗传特征，纯系可作为自别雌雄配套系的父本。

初生母雏鹌鹑体羽呈浅黄色，背上有深黄条斑，初级换羽后即变为纯白色，其背线及两翼有浅黄色条斑。眼呈粉红色，喙、脚为肉色。

成年公鹌鹑体重145.0g、母鹌鹑170.0g，开产日龄45天，年平均产蛋率高达80%～85%，年产蛋量为265～300枚，蛋重11.5～13.5g，产蛋期日耗料24.0g，料蛋比为3∶1。

河北中禽鹌鹑良种繁育有限公司资料为：成年母鹌鹑体重170.0g、公鹌鹑140.0g。35日龄开产，45日龄产蛋率可达50%，50日龄为70%～80%，60日龄为80%～90%，80～220日龄为90%～95%，220～300日龄为85%～90%，300～360日龄为80%。全年平均产蛋率85%～90%，蛋重11.5～13.5g。蛋壳结实，有花斑，年产蛋290枚。每日每只耗料23.0～25.0g，料蛋比为：80～220日龄为（2.1∶1）～（2.3∶1）；220～300日龄为（2.2∶1）～（2.4∶1）；300～360日龄为（2.4∶1）～（2.5∶1）。

2. 朝鲜鹌鹑

俗称花鹌鹑（图2-5），1978年由朝鲜引入我国，源于日本，其祖先在中国。朝鲜鹌鹑是目前国内分布最广、数量最大，也是最原始的品种之一。其体重较日本鹌鹑稍大，羽毛多呈栗褐色、夹杂黄黑色相间的条纹。公鹌鹑的脸部、下颌以及喉部为淡褐色，胸部羽毛呈砖红

(a) 朝鲜公鹌鹑　　　　　　　　(b) 朝鲜母鹌鹑

图 2-5　朝鲜鹌鹑

色，其上镶有一些小黑斑点，至腹部呈淡黄色。母鹌鹑脸部为淡褐色，下颌灰白色，胸羽灰白色，有匀称的小黑点。按其产区可分为龙城系与黄城系两类。

成年公鹌鹑体重125.0～130.0g、母鹌鹑约150.0g，45～50日龄开产，年产蛋量270～280枚，蛋重11.5～12.0g。蛋壳上有深褐色斑块，有光泽；或呈青紫色细斑点或块斑，壳表为粉状而无光泽。其蛋用性能与肉质俱佳，商品率高。肉用仔鹌鹑35～40天活重可达130.0g，半净膛屠宰率在80%以上。

河北中禽鹌鹑良种繁育有限公司资料为：成年公鹌鹑体重平均为130.0g、母鹌鹑165.0g；40日龄开产，年产蛋260枚，平均蛋重10.5～12.5g，平均产蛋率75%～80%；每只鹌鹑日耗料23.0～25.0g，料蛋比为3.0∶1，整个饲养期自然淘汰率为15%。

3.法国白羽鹌鹑

由法国鹌鹑选育中心育成。体羽为白色，成鹌鹑重140.0g，40天开产，年平均产蛋率75%，最高达80%，平均蛋重11.0g。其生活力与适应性强，0～5周龄耗料约400.0g，每蛋耗料35.0g。

4.日本鹌鹑

日本鹌鹑系利用中国野生鹌鹑改良培育而成。其体型较小，羽毛多呈栗褐色，夹杂黄黑色相间的条纹。雄鹌鹑的脸、下颌为赤褐色，胸部羽毛红褐色，其上镶有一些小黑斑点，至腹部呈淡黄色。雌鹌鹑脸部为黄白色，下颌与喉部为白灰色，胸部为浅黄色，羽毛上有黑色细小斑点，腹部灰白色。

成年雄鹌鹑体重110.0g、雌鹌鹑130.0g，35～40日龄开产，年产蛋量250～300枚，蛋重10.5g。

（二）选择健康初生雏鹌鹑

选择健康的雏鹌鹑是提高成活率、培育高产蛋鹌鹑的关键。雏鹌鹑生长状况与初生雏的好坏密切相关，而初生雏的好坏又与种鹌鹑的健康、饲养管理水平、种蛋的选择保存情况紧密相关。因此，选择的雏鹌鹑必须来源于高产、健康、饲养管理完善的种鹌鹑群。同时，孵化场的卫生和技术管理要严格，孵化设备的质量要好，种蛋的选择要严格、保存要合适，应从孵化率高的批次中选择雏鹌鹑。雏鹌鹑出壳的时间要正常，并已注射马立克病疫苗，同时索取相关的饲养管理资料。不要到既孵鸡又孵鹌鹑的孵化场去拉鹌鹑苗，因为鸡的许多传染病可传染给鹌鹑。

选择雏鹌鹑除了从种鹌鹑和种蛋上考虑外，还应注重雏鹌鹑的外观选择。此外，还应结合种鹌鹑群的健康状况、孵化率的高低和出壳时间的迟早来鉴别雏鹌鹑的强弱。以下介绍雏鹌鹑的选择方法。

1. 健康雏鹌鹑的特点

一般而言，来源于高产健康种鹌鹑群的、孵化率比较高的、正常

扫一扫
观看视频8

出壳时间内出壳的雏鹌鹑质量较好。健康雏鹌鹑（图2-6）（视频8）的特点是羽毛蓬松密生，有光泽，整洁而丰满；眼大有神，活泼灵敏，叫声响亮；脐部愈合良好，腹部柔软，触摸时有弹性，握在手中有柔软感；嘴和脚趾较粗壮，无畸形，表皮有光泽；平均体重7.5g左右，健雏率在95%以上。

图2-6　健康雏鹌鹑

2.劣质雏鹌鹑的特点

来源于病鹌鹑群的、孵化率较低的、过早或过迟出壳的雏鹌鹑质量较差，一般育雏率较低，且易传播疾病，应作为被淘汰的对象或单独饲养。有明显缺陷的雏鹌鹑，如瞎眼、脑壳愈合不全、卵黄未全部吸收、腿脚残疾等则必须淘汰。常见的劣质雏鹌鹑有以下几种类型：

（1）无毛型　孵出后体小毛稀或无毛，很难成活。

（2）大肚型　由于孵化过程中湿度过高造成卵黄吸收不好，或脐带炎，大肚便便，一步三摇，成活率极低。

（3）烂屁股型　由于孵化过程中消毒不严或本身种鹌鹑带菌所引起的出壳后体型瘦弱，肛门周围被粪便污染，这样的雏鹌鹑往往带有白痢病，如不及早淘汰还会传染给其他雏鹌鹑。

（4）微量元素、维生素缺乏型　由于种鹌鹑缺乏某种微量元素或维生素而引起，雏鹌鹑有的表现为共济失调，有的表现为坐地观星，有的表现为脚爪发育不全，有的表现为飞节肿大，这样的雏鹌鹑往往没有饲养价值。

（5）机械损伤型　主要是雏鹌鹑活动过程中造成的脚部损伤，一般损伤后很难恢复。

（三）运输初生雏鹌鹑

雏鹌鹑的运输是一项重要的技术工作，不容忽视。雏鹌鹑经鉴别、挑选和接种马立克病疫苗后就可以装箱运了，最好能在24h内到达目的地，时间过长对雏鹌鹑的生长发育有较大影响。为了保证雏鹌鹑在运输途中的安全，运输时应注意以下事项：

1.选择运雏人员

运雏人员必须具备一定的专业知识和运雏经验，还要求有较强的责任心。

2.准备运雏用具

首先，应根据路途远近、天气情况、雏鹌鹑数量、当地交通条件等确定交通工具，汽车、轮船、飞机均可采用。但不论是采用哪一种交通工具，运输途中都应力求做到稳而快，尽量避免剧烈振动、颠簸。运输雏鹌鹑的工具及雏鹌鹑盒要进行消毒，装雏工具最好采用专用的雏鹌鹑箱（图2-7）（见视频8），一般长45.0cm、宽35.0cm、高10.0cm，中间分成四个均等的小格，每格可装50只雏鹌鹑。纸盒四周要留有多个小孔，以利透气，小孔的直径在0.8cm左右。由于纸盒的局部较光滑，运输过程中易造成雏鹌鹑撇腿，所以在纸盒的底部要铺上皱的卫生纸。没有专用雏鹌鹑箱时，也可用厚纸箱、竹筐或木箱代替，但也要留有一定数量的通气孔。无论哪种装雏工具，均必须既保温又通风，单位面积装放雏鹌鹑只数要适宜，而且箱底要平坦柔软，箱高不会被压低，箱体不得变形，且易于清洗、消毒。冬季和早春运雏，还要带上棉被、毛毯等防寒用品，夏季运雏要带遮阳、防雨用具。所有运雏用具在装雏前均需严格消毒。装雏后应在盒外侧标明品种（系）、鹌鹑数、性别等项目。

图2-7 专用运雏箱

3.选择适宜的运输时间

初生雏于毛干并能站稳后即可起运，最好能在出壳后24～36h内安全运到饲养地，以便按时饮水、开食。另外，还应根据季节确定起运时间。一般来说，冬季和早春运雏应选择中午前后气温相对较高的时间起运；夏季运雏则宜选择在日出前或日落后的早晚进行，并应避开大风天气或雨天。

4.解决好保温与通风的矛盾

这是运雏的关键。装车时，应将雏鹌鹑箱错开排放，雏鹌鹑箱的叠放层数也不宜过多。运雏时间尽可能缩短，运雏途中尽量避免长时间停车。运输途中，要勤观察雏鹌鹑动态，一般每隔0.5 ～ 1h观察一次。最简单的方法是把手伸进包装盒内来感觉雏鹌鹑温度的高低（图2-8）（视频8），若有温暖感说明温度正好；若有潮热感觉说明温度过高，需要通风换气；若感觉发凉，则说明温度较低，需要采取保温措施。运输过程要保持平稳，防止剧烈颠簸，如果运输途中需要长时间停车，则最好将雏鹌鹑箱左右、上下进行调换，且在运输过程中要定时检查雏鹌鹑状态，以防中心层雏鹌鹑挤压或窒息死亡。

图 2-8　运输检查

5.及时接入育雏舍

雏鹌鹑运到后，要及时接入准备好的育雏室内，并进行全面的选择，将健雏和弱雏分开养育，及早处理掉过小、过弱及病残雏。捡鹌鹑动作要轻，不要扔掷，否则会影响雏鹌鹑日后的生长发育。

四、选择合适的育雏方式

雏鹌鹑培育的方式分为箱育雏、平面育雏和立体育雏三种。

（一）箱育雏

对于家庭少量饲养可以采用箱育雏（图2-9），就是用木制或纸质的育雏箱来培育鹌鹑幼雏。箱育雏，要注意保温。箱盖上开两个直径为3.0～4.0cm的通风孔。如没有专门的育雏室，可在其顶部悬挂两盏60W的灯泡供热。

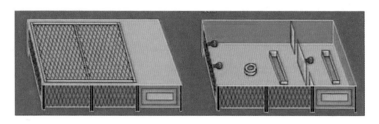

图2-9　育雏箱

将雏鹌鹑置于垫有稻草或旧棉絮的育雏箱中，灯泡挂在离雏鹌鹑40.0～50.0cm的高度（根据灯泡大小、气温高低、幼雏日龄来灵活调整其高度）供热保温，雏鹌鹑吃食和饮水都是用人工将其捉出，喂饮完后再捉回育雏箱内。

箱育雏设备简单，保温不稳定，需要精心看护，仅适于小规模培育0～10日龄的幼雏以及家庭饲养者饲养少量鹌鹑。

（二）平面育雏

平面育雏是指把雏鹌鹑饲养在铺有垫料的地面上或饲养在具有一定高度的单层网面上。养在地面上的称为地面育雏，养在网上的称为网上育雏。

1.地面平养

地面平养（图2-10）就是在铺有垫料的地面上饲养雏鹌鹑，是目前中小型珍禽场和农村专业户普遍采用的方式。地面育雏简单易行，管理方便，但需要注意的是，雏鹌鹑与粪便经常接触易感染球虫病等疾病。再者，地面育雏占地面积大，房舍利用不经济，耗费垫料较多。

图 2-10　地面平养

地面平养的育雏房要有适宜的地面，最好是水泥光滑地面，兼有良好的排水性能，以利于清洁卫生。每间设一个伞形或斗形保温器，或用8个红外线灯泡作热源。地面垫上谷壳、锯末等作垫料。保温器周围或红外线灯下适当范围围上40.0～60.0cm高的围栏，并且每3天扩大一次范围。2周后将围栏撤走，雏鹌鹑在育雏室内散养。保温器育雏，食槽和饮水器应安放在保温器外边的适当位置；红外线灯泡取暖育雏，食槽和饮水器都不要安置在灯泡下。

2.网上平养

雏鹌鹑培育的方式一般为单层平网育雏（图2-11）（视频9）。其优点是育雏光照好，温度均匀，粪便污染小，雏鹌鹑基本不同粪便接触，从而减少与病原接触，减少再感染的机会，尤其是对防止球虫病和肠胃病有明显的效果。此外，该育雏方式便于管理，雏鹌鹑发育整齐，是种鹌鹑必须采取的育雏

扫一扫
观看视频9

方式。但其投资较大，对饲养管理技术要求较高，特别是对饲料营养成分要求全面，否则雏鹌鹑易患营养缺乏症。育雏舍内还要注意通风，以便排出由于粪便堆积而产生的有害气体。

　　小型鹌鹑养殖场及农村专业户，一般可采用小网床。网床由底网、围网和床架组成。采用网上平养，要求育雏室内温度能满足雏鹌鹑的需要。育雏室内温度可通过地下烟道、暖气、煤炉、电炉及红外线灯等取暖设备供热来保持。

图 2-11　平面育雏网

（三）立体笼养

　　立体育雏就是将雏鹌鹑饲养在多层重叠式育雏笼（图2-12）（视频10）内，又称笼育。育雏舍多为砖瓦结构、水泥地面房舍，靠自然采光，热源可用电热丝或热水管，也可在育雏室内设火炉或其他取暖设施，或用电暖风机等供暖。

扫一扫
观看视频 10

　　该法饲养密度大，便于管理，劳动强度低，因雏鹌鹑不与粪便直接接触，发生消化道疾病少，能有效地利用舍内空间和热源。但因其养殖密度大，呼吸道疾病发生较多，一次性投入也较大，并且对饲料的要求较高，对设备的质量也要求稳定可靠。该法适合于大规模的鹌鹑养殖场。

图 2-12　立体育雏笼

五、了解雏鹌鹑的营养需要

育雏阶段为鹌鹑组织快速生长阶段，其采食的营养主要用于肌肉、骨骼的快速生长，但雏鹌鹑消化系统发育不健全，采食量较小，同时肌胃研磨饲料能力差，消化道酶系发育不全，消化力低，因此其在营养上要求比较高，需要高能量、高蛋白、低纤维含量的优质饲料，并要补充较高水平的矿物质和维生素。配制育雏期饲粮时，应以育种场推荐的营养标准为依据，保持较高的营养成分含量。

（一）雏鹌鹑营养需求

1. 水

鹌鹑机体的所有化学成分中，水的比例最高。鹌鹑体内约含60% ～ 70%的水分，蛋中含70%的水分，它们体内的一切新陈代谢都有水参加，废物的排出也靠水来运输。因此，保证鹌鹑能随时饮入清洁的水是非常重要的。鹌鹑停水36h即可陆续死亡，停水8h，产蛋明显下降，而且很难在近日内恢复，产蛋高峰前的鹌鹑，则推迟高峰的到来，甚至达不到高峰，采食量也明显下降。因此，无论是饲喂或是长途运输都要注意供给充足的饮水。

2.蛋白质

雏鹌鹑对蛋白质的需求量较大，并且蛋白质的质量要高、品质要好，即氨基酸种类齐全，限制性氨基酸含量应满足需要。在生产实践中，既要避免蛋白质含量不足，又要防止蛋白质含量过高。

蛋白质的营养价值主要取决于氨基酸的组成，必需氨基酸中任何一种不足均会影响鹌鹑体内蛋白质的合成，一般容易缺乏的是谷物中含量较少的赖氨酸、蛋氨酸和色氨酸。确定蛋白质需要量时，首先应明确日粮的能量水平。

一般来说，肉用仔鹌鹑用高蛋白饲料饲喂可获得早期快速生长，接着再用蛋白质含量较低的饲料饲喂，以提高肉质鲜嫩度。蛋用雏鹌鹑蛋白质的需要量与体重、增重、羽毛重关系密切，蛋用鹌鹑育雏期的蛋白质要求最高，育成阶段次之，产蛋后可降低一些。一般要求1～35日龄雏鹌鹑饲料粗蛋白含量为24%。

3.能量

雏鹌鹑能量的需要量受品种、年龄、环境温度、蛋白质水平等因素的影响。雏鹌鹑能量的需要量与体重大小呈正相关，故能量是确定营养需要时首先要考虑的问题。

自由采食时，家禽有调节采食量以满足能量需要的本能。当日粮能量水平较低时就增加采食量，在日粮能量水平较高时则减少采食量，但采食量的变化直接影响蛋白质和其他营养物质的摄取量。因此，选择合适的日粮能量水平是很重要的。

一般来说，体型小的蛋鹌鹑对能量的需要不及体型大的肉鹌鹑，肉用仔鹌鹑较蛋用雏鹌鹑能量要求高，种用公母鹌鹑其能量不可过高，以防过肥，影响种用性能。此外，体重越大，雏鹌鹑用于维持需要的能量越多。因此，培育小体型的蛋用型鹌鹑是降低饲养成本、提高经济效益的有效途径。

4.脂肪

正常情况下，雏鹌鹑日粮中亚油酸的含量应为1%，所以若在雏鹌鹑日粮中添加脂肪1%～1.5%时，对雏鹌鹑的生长发育较有利。以玉米大豆型日粮饲喂雏鹌鹑时，添加固态脂肪能很好地被吸收；而小麦和大麦型日粮以液态植物油或软膏状脂肪吸收率较高。

5.矿物质

当雏鹌鹑直接接触土壤时，因它可从土壤中获取很多的微量元素，所以，除钙、磷、氯、钠以外的其他元素不单独添加也不易缺乏。而笼养、网养或水泥地面饲养时，因雏鹌鹑没有自由选择的机会，必须按需要量供给矿物质。

鹌鹑对钙和磷的需要量最多，雏鹌鹑缺钙，易患软骨病，成鹌鹑缺钙，蛋壳变薄，产蛋量减少，产软壳蛋。谷物及糠麸中含钙较少，因此必须注意另外补充。鹌鹑对植物中磷的利用率较低，一般仅为1/3，如日粮中缺少鱼粉时要防止磷的不足。一般要求雏鹌鹑日粮中含钙量为0.8%，有效磷含量为0.45%。

食盐可提高适口性，并在鹌鹑生理上起着重要的作用，日粮中应适当补充食盐，一般食盐的添加量为0.2%。

其他矿物质，如钾、镁、铁、铜、锰、锌、碘和硒等，大部分在鹌鹑日粮中并不缺乏，但也有少部分微量元素要以添加剂的形式予以补充，主要是锰、锌、铜、铁，有时也补充碘和硒。在缺少某些矿物质元素的地区，一定要在日粮中补充。

6.维生素

鹌鹑对维生素的需要量甚微，但它们在鹌鹑物质代谢中起着重要作用。大多数维生素在体内不能合成，必须从饲料中摄取，对鹌鹑来说，B族维生素、维生素A、维生素E、维生素D的补充尤为重要。现在有人工合成的单一维生素和复合维生素，均可作为维生素添加剂补充。维生素C在鹌鹑体内可自行合成，只在夏季炎热时补充一些即可。

（二）掌握日粮配合原则

1.必须以饲养标准为依据，并结合饲养实践中鹌鹑的生长与生产性能状况予以灵活应用

发现日粮中营养水平偏低或偏高时，应适当进行调整。中国白羽鹌鹑营养需要见表2-1。

表 2-1　中国白羽鹌鹑营养需要建议量

项目	0～3周龄	4～5周龄	种鹌鹑
代谢能 /（MJ/kg）	11.29	11.92	11.72
粗蛋白 /%	24.00	23.00	21.00
蛋氨酸 /%	0.55	0.55	0.50
蛋＋胱氨酸 /%	0.85	0.85	0.90
赖氨酸 /%	0.30	1.20	1.20
精氨酸 /%	1.25	1.00	1.25
甘氨酸＋丝氨酸 /%	1.20	1.00	1.17
组氨酸 /%	1.36	0.30	0.42
亮氨酸 /%	1.69	1.40	1.42
异亮氨酸 /%	0.98	0.81	0.90

2.注意饲料多样化

尽量多用几种饲料进行配合（图2-13），这样有利于配制成营养完全的日粮，充分发挥各种饲料原料蛋白质的氨基酸互补作用，有利于提高日粮的消化率和营养物质的利用率。

图 2-13　配合饲料加工

3.优先满足鹌鹑的能量需要

鹌鹑按日粮含能量的多少调节采食量，如果日粮中能量不足或过多，都会影响其他养分的利用与吸收。所以在设计配方时，首先要满足鹌鹑的能量需要，然后再考虑蛋白质的需要，最后调整矿物质和维生素营养。

（三）了解雏鹌鹑日粮配合

严格按照雏鹌鹑营养标准予以满足，开始时可用碎米或碎玉米，2日龄后可换用营养丰富的全价配合饲料。育雏期的一般饲料配方见表2-2。

表 2-2　育雏期鹌鹑饲料配方

原料	配比 /%	原料	配比 /%
玉米	50.0	食盐	0.20
麸皮	3.0	微量元素	0.10
豆饼	29.47	多维	0.03
鱼粉（进口）	15.0	维生素 A、维生素 D_3	0.20
骨粉	2.0		

（四）饲料营养成分对鹌鹑产品的影响

1.对鹌鹑蛋品质的影响

鹌鹑蛋的主要成分是蛋白质、脂肪、维生素、无机盐和水。饲料中维生素和无机盐含量的多少，对鹌鹑蛋质量有着较大的影响。如果饲料中缺乏维生素A、维生素D、维生素E和B族维生素时，种蛋的孵化率就会降低，幼鹌鹑畸形增多，育雏期成活率也会下降。饲料中缺少钙、磷时，就会产薄壳蛋和软壳蛋。

2.对鹌鹑蛋大小的影响

喂给含蛋白质多的饲料，鹌鹑蛋就大一些，反之，则小一些。饲料中钙、磷不足或维生素D缺少，影响钙、磷的吸收，鹌鹑蛋就小些。

3.对鹌鹑肉、蛋颜色的影响

鹌鹑肉、蛋的颜色受饲料中色素的影响很大。如饲料中黄玉米多时，蛋黄颜色就会加深，反之则变浅；以虾壳、蟹壳粉饲喂鹌鹑时，可使蛋黄呈现黄红色，饲喂人工合成色素可改变蛋黄的颜色。对肉色的影响不如对蛋黄颜色影响大。

4.对鹌鹑肉、蛋气味的影响

饲料中鱼粉、蚕蛹粉过多，可使鹌鹑的肉和蛋有腥味，从而影响产品品质。因此，上市出售肉鹌鹑的前一周应停喂鱼粉和蚕蛹粉。

❓ 思考与训练

1.根据所学知识，如果你计划养殖一批雏鹌鹑，应该在育雏前做好哪些准备工作？

2.根据所学知识，如果你去孵化场购买雏鹌鹑，应该如何挑选健雏？在运输过程中应采取何种措施以减少雏鹌鹑的伤亡？

3.根据所学知识和生产实际，想一想雏鹌鹑的营养需要特点是什么？你在配制雏鹌鹑日粮时应遵循什么原则？

学习任务二 　抓好雏鹌鹑的饲养管理

任务描述

培育雏鹌鹑是整个蛋鹌鹑生产周期的第一个关键阶段，是养鹌鹑生产中必须重视的一个环节。雏鹌鹑饲养管理的好坏，直接关系到育成鹌鹑的整齐度和合格率，从而影响蛋鹌鹑产蛋性能的高低。本任务的完成是在雏鹌鹑进入育雏舍后，首先进行初饮，再进行开食，做好雏鹌鹑的饮水、饲喂工作；然后在整个育雏期要为雏鹌鹑创造利于生长的各种环境条件，并加强雏鹌鹑管理工作，采取综合饲养、管理措施，最终提高雏鹌鹑的成活率，为养好育成鹌鹑打好基础。

一、保证雏鹌鹑饮水和饲喂

（一）饮水

1.初饮

初生雏鹌鹑接入育雏室后，第一次饮水称为开水或初饮（视频11）。一般应在雏鹌鹑出壳绒毛干后12～24h开始初饮，此时不给饲料。冬季水温宜接近室温，在室内预热时就应加好饮水；炎热天气尽可能提供凉水。经过长途运输的雏鹌鹑，饮水中可加入5%的葡萄糖或5%～8%的白砂糖，还可加入电解质、

扫一扫
观看视频11

维生素等，以补充营养，帮助雏鹌鹑消除疲劳，尽快恢复体力，加快体内有害物质的排泄。

1日龄可自由饮用0.01%的高锰酸钾水（图2-14）24h，除可杀灭肠道有害菌外，还因鹌鹑喜红色，可增加雏鹌鹑饮水的兴趣。为防止雏鹌鹑饮水时造成湿毛（图2-15），可在饮水器内添加一些石子或橡皮圈（图2-16）。2～3日龄可每天饮青霉素水一次，每次用量为每1000只雏鹌鹑用青霉素640×10⁴IU。

图2-14 高锰酸钾水

5～10日龄时，为预防鹌鹑白痢的发生，可每天饮诺氟沙星水1次，于1.0kg水中添加诺氟沙星25.0～50.0mg。

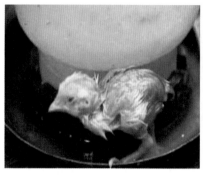

图2-15　湿毛

图2-16　饮水器内加橡皮圈

2.正常饮水

初饮后，无论何时都不应断水（饮水免疫前的短暂停水除外），而且要保证饮水的清洁，尽量饮用自来水或清洁的井水，避免饮用河水，以免水源污染而致病。饮水器要刷洗干净，每天至少换水2次。供水系统应经常检查，去除污垢。饮水器一般应均匀分布于育雏室或笼内，并尽量靠近光源、保姆伞等，避开角落放置，让饮水器的四周都能供鹌鹑饮水。饮水器的大小及距地面的高度应随雏鹌鹑日龄的增加而逐渐调整。立体笼养时，开始一周内在笼内饮水、采食，一周后训练在笼外饮水和采食。

（二）饲喂

1.开食

雏鹌鹑接入育雏室后第一次喂料称为开食。适时开食非常重要，雏鹌鹑的开食要在饮水后进行，原则上宜早不宜晚，一般多在出壳后24h内进行。

由于雏鹌鹑体型较小，1～5日龄可不使用料槽，饲料可撒在经过消毒的与饲料颜色反差明显的粗布上（图2-17）（视频11、视频12），面积为育雏笼面积的十分之一左右，位于育雏笼中间位置，撒料的厚度以0.5cm为宜。撒料太薄雏鹌鹑采食困难，易使雏鹌鹑采食不足而影响生长发育；料撒得太厚则易造成雏鹌鹑迷眼。5日龄后可采用专用育雏料槽饲喂。应注意提高室内温度，增加光照强度。

扫一扫
观看视频 12

开食料要求新鲜、颗粒大小适中，营养丰富易消化，易于雏鹌鹑啄食，常用的有碎玉米、小麦、碎米、碎小麦等。一般大中型鹌鹑养殖场采用全价配合料，小型鹌鹑养殖场或专业户多采用七成熟的小米或玉米碎粒。

图 2–17　饲喂

2.正常饲喂

雏鹌鹑的饲喂应坚持少喂勤添的原则，每次添加量不能太大。10日龄前每天添料6 ～ 8次，不允许有停料间隔。10日龄后以每天4 ～ 5次为宜，洒落到地面的料不允许再喂。

雏鹌鹑饲料的需要量依雏鹌鹑品种、日粮的能量水平、鹌鹑龄大小、喂料方法、育雏季节、日粮配合水平、饲槽结构、撒料方法和鹌鹑群健康状况等而有差异。同品种鹌鹑随鹌鹑日龄的增大，每日的饲料消耗是逐渐上升的，生产中饲养员应每日测定饲料消耗量，如发现饲料耗量减少或连续几天不变，说明鹌鹑群生病或饲料质量变差，此时应立即查明原因，采取有效措施，保证鹌鹑群正常生长发育。

一般白羽母鹌鹑1～35日龄每只耗料量为400.0g，35日龄平均体重120.0g。龙城鹌鹑每只耗料量为450.0～500.0g左右。

二、创造利于雏鹌鹑生长的环境条件

（一）保持适宜的环境温度

扫一扫
观看视频13

保持适宜的温度（视频13）是提高育雏效果的关键，它直接影响到雏鹌鹑体温的调节、运动、采食、饮水、休息、饲料的消化吸收以及腹中剩余卵黄的吸收等生理环节。育雏温度包括育雏器内的温度和室温，在生产中强调的是育雏器内的温度。一般用温度计测量，温度计的底部要挂在与雏鹌鹑背部高低相同、育雏笼中间的位置。温度计要用体温计校正后方可使用。育雏期的温度要求掌握得高而稳定，严禁忽高忽低。龙城鹌鹑育雏期温度可在上述温度的基础上低1～2℃。

育雏期温度掌握得是否适宜，是育雏期雏鹌鹑成活率高低的关键因素。温度掌握得合适，雏鹌鹑生长发育良好，发育整齐，得病少；温度过低，则易引起肠道疾病的发生，如鹌鹑白痢等。若温度过高，则雏鹌鹑易患呼吸道疾病或引起啄脚、啄羽等恶癖，还会发生脱水现象，羽毛无光泽，体重下降，体质差，产蛋期推迟，严重者还会发生休克死亡。

温度掌握是否得当非常重要，温度计显示的温度只是一种参考依据，重要的是要求饲养人员能"看鹌鹑施温"（图2-18），即通过观察雏鹌鹑的表现，正确地控制育雏的温度。温度适宜时雏鹌鹑采食、饮水后活泼好动，休息时安静伏地而且伸颈直腿而卧，并均匀地分散在活动区内，羽毛光滑整齐；温度偏高时，雏鹌鹑远离热源，张口喘气，呼吸急迫，两翅下垂，不断饮水，有时跳进水槽，羽毛被水沾湿冷死，若高温持续时间过长，幼鹌鹑也会出现死亡；温度偏低时，雏鹌鹑趋近热源且相互聚拢，羽毛蓬松，身体发抖，不时发出尖锐、短促的叫声，在这种情况下，弱雏常常会被挤伤或挤死。另外，育雏室内有贼风（间隙风、穿堂风）侵袭时，雏鹌鹑亦有密集拥挤的现象，但鹌鹑大多密集于远离贼风吹入方向的某一侧（图2-19）。一般的育雏温度见表2-3，供参考。

过冷　　　　　　　　　过热　　　　　　　　　适宜

图 2-18　看鹌鹑施温

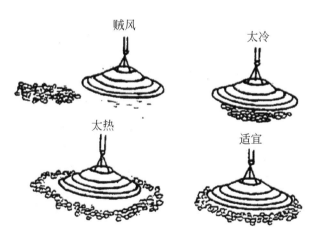

图 2-19　育雏室不同温度时的鹌鹑表现

表 2-3　一般的育雏温度

日龄	温度 /℃	日龄	温度 /℃
1 ～ 3	38 ～ 39	11 ～ 20	30 ～ 32
4 ～ 5	36 ～ 37	21 ～ 35	30
6 ～ 10	35		

（二）保证适宜的环境湿度

湿度一般用相对湿度表示。湿度的高低对雏鹌鹑的健康和生长有较大的影响，但影响程度不及温度。育雏期内一般应考虑前期的增湿（图 2-20）（视频 13）和后期的防潮，鹌鹑舍内的湿度应随育雏季节、日龄和区域而不同，一般 1 ～ 6 日龄要求相对湿度保持在 60% ～ 65%，6 日龄后可降至 55% ～ 60%。因为在育雏前期，育雏室内温度较高，而雏鹌鹑的饮水量和排粪量较少，通过地面洒水或炉火上烧水来增加湿度是对雏鹌鹑的生长发育有利的。随着日龄的增长，雏鹌鹑的采食量、饮水量、排粪量增加，若舍内湿度过高，可通过加大通风量来降低。

育雏室的湿度一般使用干湿球温度计来测定。另外还可通过自身感觉和观察雏鹌鹑表现来判定湿度是否适宜。

图 2-20　增湿

（三）加强环境通风换气

1.有害气体

有害气体主要是二氧化碳、一氧化碳、氨气、硫化氢和二氧化硫等。经常保持育雏舍内空气新鲜是雏鹌鹑正常生长发育的重要条件之一。尤其在饲养密度大，或用煤或煤气供暖时（一氧化碳易超标），更要注意通风换气。

（1）二氧化碳　一般地，育雏室内二氧化碳的含量要求控制在0.15%以下。一般只要注意舍内通风，就不会超标。此外，二氧化碳含量还能指示其他有害气体的含量。

（2）氨　鹌鹑对氨特别敏感。育雏舍中氨的浓度不应超过0.002%。

（3）硫化氢　育雏室内硫化氢的含量要求在$6.6mg/m^3$以下，最高不能超过$15mg/m^3$。

2.通风换气的方法

通风换气的方法有自然通风和机械通风两种。密闭式鹌鹑舍及笼养密度大的鹌鹑舍通常采用机械通风，可根据育雏舍的面积和所饲养雏鹌鹑数量选购和安装风机、空气过滤器等装置，将净化过的空气引入舍内。开放式鹌鹑舍育雏室的通风换气主要通过开闭天窗（图2-21）（视频13）来进行自然通风，但在自然通风时要注意开地窗。通风时切忌间隙风，以免雏鹌鹑着凉感冒。育雏舍内空气以人进入舍内不刺

图2-21　通风

激鼻、眼，不觉胸闷为适宜。此外，室内炉火一定要安装烟囱，以防发生一氧化碳中毒。

育雏舍内的通风和保温常常是矛盾的，尤其是在冬季，生产上应在保温的前提下排出不新鲜的空气。如在通风之前先提高室温 $1 \sim 2℃$，待通风完毕后基本上降到了原来的舍温，或通过一些装置处理后给育雏舍鼓入热空气等。寒冷天气下通风的时间最好选择在晴天中午前后，气流速度不高于 $0.2m/s$。自然通风时门窗的开启可从小到大最后呈半开状态，开窗顺序为：南上窗→北上窗→南下窗→北下窗。不可让风对准鹌鹑体直吹，并防止门窗不严出现贼风。

通风换气除与雏鹌鹑日龄、体重有关外，还受季节、温度变化的影响。温度高时，通风量大增，除了必要的通风换气外，还需要靠通风带走多余的水分和热量。大型鹌鹑（以活重计）舍通风量为 $6.0m^3/(kg \cdot h)$。

（四）适宜的光照

1.光照的作用

合理的光照，可以加强雏鹌鹑的血液循环，加速新陈代谢，增进食欲，有助于消化，促进钙磷代谢和骨骼的发育，增强机体的免疫力，从而使雏鹌鹑健康成长。光照时间的长短还是性成熟早晚的关键因素，由于雏鹌鹑生长发育期短，性成熟早，在短短35天便开始产蛋，即雏鹌鹑在35日龄发育成熟，这就要求通过增加光照时间来促进雏鹌鹑采食大量的饲料而迅速生长发育。

2.雏鹌鹑对光照的要求

正确合理的光照对雏鹌鹑的健康和成活率的影响很大，特别是对白羽鹌鹑影响更大。光照强度一般在 10.0 lx 以下；超过 10.0 lx，鹌鹑易于惊群和互啄，体重下降。光照强度以每平方米 $1 \sim 4W$ 为宜。

3.制定合理的光照制度

大量实验证明，雏鹌鹑 $1 \sim 35$ 日龄采用自然光照加人工补充光照到20h的光照制度不会显著影响日后生产性能的发挥。具体光照时间如下：

（1）1～5日龄 全天24h光照，不允许停电，采用60～100W白炽灯（图2-22）照明。

（2）5～10日龄 自然光照较好的育雏舍可单独在晚上开灯，自然光照加人工光照不低于22h。

（3）10～35日龄 可采用40W的白炽灯照明，自然光照加人工补充光照可以不低于20h。

（4）35日龄后 可采用蛋鹌鹑的光照制度，即自然光照加人工补充光照达到16h。

图2-22 人工补充光照

（五）合适的饲养密度

饲养密度是指育雏室内每平方米地面或笼底面积所容纳的雏鹌鹑数，饲养密度过大时雏鹌鹑采食不均匀，生长发育缓慢，体重轻，开产期推迟，易发生疾病、脱毛或抢食饲料而压死；而密度过小时，设备利用率低，增加饲养成本。所以合理的饲养密度，既可降低饲养成本，又能促进鹌鹑的生长发育，减少疾病和啄肛、啄羽等恶癖的发生，提高雏鹌鹑的成活率，使之生长发育整齐。

一般来说，每平方米第一周龄鹌鹑130只左右、第二周龄100只左右、第三周龄80只左右。白羽鹌鹑1～20日龄的密度以每平方米200

只为宜；龙城鹌鹑在15日龄左右可挑选一次公鹌鹑，挑选后公母分开饲养。调整饲养密度时可将体重偏大和偏小者分别组成新群，并将病、弱雏单独组群，以便管理。

冬天和早春天气寒冷，饲养密度可适当高一些；夏秋季节雨水多，饲养密度可适当低一些；弱雏饲养密度宜低些，通常可有10%～15%的增减幅度。鹌鹑舍的结构若是通风条件不好，也应减少饲养密度。

三、加强雏鹌鹑管理

（一）做好雌、雄雏鹌鹑分养

按性别分养制是一种先进的饲养制度，它不仅减少了由于性别的差异其生长速度、耗料不同而导致的群体均匀度差、饲料转化率低，还可避免因啄癖或交配引起的骚动与损伤。

（二）检查育雏效果

育雏效果的好坏主要根据雏鹌鹑成活率和育成鹌鹑成活率以及平均增重情况来衡量。计算方法如下：

$$雏鹌鹑成活率（\%）=\frac{育雏期末成活的鹌鹑数}{入舍雏鹌鹑数}\times100\%$$

检查增重的方法是每隔3～5天后随机抽检3%～5%的雏鹌鹑称重，结果与标准体重比较，及时发现问题，改进饲料配比或管理方法。蛋用中国白羽鹌鹑各日龄标准体重见表2-4。

表2-4　中国白羽鹌鹑各日龄标准体重

日龄	体重/g	日龄	体重/g
7	20.0	30	105.0
14	45.0	35	120.0
20	70.0		

（三）采取雏鹌鹑断翼技术

实践证明，给1日龄雏鹌鹑进行断翼，对其生长、性成熟、产蛋量以及胴体品质均有良好效应。断翼时用300W以下灼热电烙铁自雏鹌鹑臂骨下1/3与肘之间烙断两翅部分。

（四）抓好雏鹌鹑的日常管理

无论是平养或是笼养，除了给雏鹌鹑提供适宜的环境条件外，育雏阶段还要做好以下几方面的工作。

1.定期抽样称重

根据实际情况，每周末或每隔1周的周末从鹌鹑群内随机抽取1%～5%的个体（至少100只）逐只称重（要在早上空腹称重），以了解其实际体重发育情况。将每次抽测体重的结果与该鹌鹑种标准体重相对照并作认真分析，如发现有明显差异，应及时调整日粮与管理措施。对发育弱小的雏鹌鹑应及时挑出，单独管理。

2.检查鹌鹑群状态

饲养人员要经常观察雏鹌鹑的精神状况，检查饲料的消化情况和粪便情况，以了解其健康表现，发现异常应立即查明原因，及时采取措施，将病、弱雏鹌鹑隔离、剔除。病、弱雏常表现出离群闭目呆立、羽毛蓬松不洁、翅膀下垂、呼吸带声等。经常观察鹌鹑群中有无啄癖及异食现象，检查有无瘫鹌鹑、软脚鹌鹑等，以便及时了解日粮中营养是否平衡。听雏鹌鹑的叫声，检查有无被啄伤的雏鹌鹑。

3.检查饲养设备

0～4日龄的雏鹌鹑常表现有易骚动不安和逃窜行为的野性，在加料换水时要特别小心，最好在门口底网上加一10.0cm高的挡板为妥；发现雏鹌鹑跑出笼外时要细心查看是何处网片固定不好或破损。观察灯泡有无损坏，是否脏污，采光是否均匀，亮度是否合适；查看供温设备的温度控制是否恰当，有无损坏或有无其他需要维修的情况；查看料槽、饮水器数量是否充足，有无漏水、洒料或影响采食、饮水的现象；要做好防鼠害、防煤气中毒、防火灾工作和死淘雏鹌鹑的处理工作。

4.检查采食和饮水

检查位置是否够用、饮食高度是否适宜以及采食量和饮水量的变化等，以了解雏鹌鹑的健康状况。为防止雏鹌鹑扒溅饲料，应在扁平料槽上加盖护网罩。饮水器要符合规格，防止沾湿绒毛或淹死雏鹌鹑。一般雏鹌鹑减食或不吃有以下几种情况：一是饲料质量下降，如发霉或有异味；二是饲料原料和喂料时间突然改变；三是育雏温度波动大，饮水不足或饲料长期缺乏砂砾等；四是鹌鹑群发生疾病。如果鹌鹑群饮水过多，常见于饲料中食盐或其他物质含量过高（如使用劣质咸鱼粉）；育雏温度过高或室内空气湿度过低；鹌鹑群发生疾病（如球虫病、传染性法氏囊病等）。当鹌鹑只有行动不便（如跛行）、神经症状（如扭脖）、精神不振等症状时，饮水量会下降，而且是在采食量减少前1～2天下降。注意观察这些细微变化，有助于及早采取措施、减少损失。

5.检查粪便

每天早晨，饲养员要注意观察雏鹌鹑粪便的颜色、稀稠和形状是否正常，以便于了解饲料的质量、雏鹌鹑消化系统的机能和健康状况。雏鹌鹑正常的粪便应该是：刚出壳尚未采食的幼雏排出的胎粪为白色和深绿色的稀薄液体，采食以后便呈圆柱形、条状，颜色为棕绿色，粪便的表面有白的尿酸盐沉着，有时早晨单独排出盲肠内的粪便呈黄棕色糊状，也是正常的。病理状态的粪便可能有以下几种情况：肠炎腹泻，排出黄白色、黄绿色附有黏液、血液等的恶臭稀粪，多见于新城疫、霍乱、伤寒等急性传染病；尿酸盐成分增加，排出白色糊状或石灰浆样的稀粪，多见于雏鹌鹑白痢、传染性法氏囊病等；肠炎、出血，排出棕红色、褐色稀粪，甚至血便，多见于球虫病。

6.加强室内巡视

育雏人员应经常在室内巡视，以便及时发现和处理问题，特别是应搞好弱雏复壮工作；要经常检查室温和育雏温度，确保温度平衡，根据雏鹌鹑动态、粪便情况酌情调整；适期调整饲养密度。

7.搞好卫生防疫

雏鹌鹑抗病力差，必须把育雏期的卫生防疫工作放在重要的位置，要做好免疫程序规定的工作与清洁卫生工作。育雏应在严格的隔离条件下进行，育雏舍实行全进全出制，雏鹌鹑转出舍后，要进行彻底消毒，并空舍2～3周，以切断病原微生物循环感染的机会。同时要制定严格的消毒制度，坚持经常性的带鹌鹑消毒和育雏室周围环境消毒，使室内环境中的致病微生物含量降至最低。喂料和饮水器具也要定期清洗消毒。

饲养场内严禁饲养其他禽、犬、猫等动物。饲养场内应捕杀老鼠、消灭蚊蝇，切断多种疾病的传播途径。禁止带入其他禽类及产品进入生产区。

饲养员及场内其他工作人员应定期体检，取得健康合格证后方可上岗工作。饲养员或其他工作人员进入生产区时应更换衣鞋，并进行消毒。饲养人员的工作服应保持清洁、定期清洗消毒。

场内的兽医人员严禁对外诊疗。场内的生产人员不准随意串岗。非生产人员未经批准不得进入生产区。

8.做好清洁消毒

鹌鹑饲养场、舍的地面、粪沟、食槽、水槽应每天清理、打扫，保持清洁。鹌鹑饲养场、舍、食槽、水槽及周围环境应每周消毒两次（场地消毒、带禽消毒各一次）。鹌鹑饲养场、舍使用的消毒药剂应选用2种以上，交替使用，以免产生耐药性。商品肉用鹌鹑必须采用全进全出制，对空栏应进行彻底的清洗、消毒。

9.做好育雏记录

做好记录有利于了解鹌鹑群状况和发育情况，有利于经济核算和降低饲养成本，有利于总结经验和吸取教训、提高饲养管理和技术水平。常见的记录有：

① 每日记录　记录的内容主要有雏鹌鹑的日龄、周龄、鹌鹑数变动情况、喂料量、温度、湿度、通风换气、外界气候变化、鹌鹑群精神状态等。

② 用药记录　包括药品名称、产地、含量、失效期、剂量、用药途径及用药效果等。

③ 防疫记录　包括防疫时间、疫病种类以及疫苗名称、来源、失效期和防疫方法等。

④ 其他记录　包括各种消耗、支出以及收入等。

四、提高中国白羽鹌鹑育雏期成活率的措施

白羽鹌鹑可根据羽色自别雌雄，性成熟早，生产性能高，年平均产蛋率85%～90%，抗病力强，自然淘汰率低，性情温顺，蛋料比高。该品种虽具有以上优点，但从培育至今，仍有许多省市未能大面积推广，究其原因主要是该品种育雏期成活率较低，仅有60%～70%。经过多年实践，中禽鹌鹑良种繁育有限公司的技术人员攻克了这一难题，使得育雏期成活率达到了95%～97%，其他各项生产性能也有了较大提高。

分析白羽鹌鹑育雏期成活率低的原因主要有四点：一是其幼鹌鹑脐部愈合不良比例较大，约占3%（与栗羽鹌鹑在相同孵化条件下相比），因健雏率相对降低，其成活率也低；二是幼鹌鹑红眼睛，视力差，易打堆、湿毛，又由于采食动作异常，易眯眼导致采食不便，最终饿死；三是该品种反应迟钝，不爱动，有惰性，易受挤压致死（同时此特性也是高产低耗的一个主要原因）；四是育雏期幼鹌鹑对环境适应性较差，对育雏室的温度、光照要求高，由育雏室转到成鹌鹑笼时，

常因环境不适造成大批死亡。

要提高育雏期成活率可采取以下八项措施：

① 加强种鹌鹑饲养管理，提高种蛋质量。加强孵化过程中的管理，严格控制孵化条件，并在孵化过程后期适时凉蛋，以提高健雏率。另外，养鹌鹑户进雏时应严加挑选，以减少弱雏的数量。

② 进雏前三天，育雏室要提前预温，使育雏室温度达到39℃。如采用煤炉供温，应安装烟囱，以防煤气中毒。也可采用火道、火墙或暖风提温。

③ 改多层立体育雏为单层平网育雏，网底距地面120.0cm，密度为200只/m²，分成4组，每组50只，以免密度太大造成挤压死亡。此外，为防止撇腿，刚开始可在育雏笼内铺上粗棉布或麻袋布，不能用太光滑的纸或塑料布，以免雏鹌鹑运动时因打滑而扭伤关节。

④ 适宜的饲喂与饮水时间。雏鹌鹑一般出壳20h开食，饮水在开食之前。所以进雏后马上让其饮水。一般1～10日龄前饮温水，水温与室温相同，1～2日龄可自由饮0.01%高锰酸钾水，这主要是因为雏鹌鹑喜红色，可增加饮水量、防止脱水，还可起到杀灭饮水及部分肠道中细菌的作用，提高机体抗病力，增加健雏率。同时要供给雏鹌鹑易消化、营养全面的日粮，一般1日龄喂4次、2～5日龄喂8次、6～20日龄喂6次。另外注意饲料不能太粗，1～10日龄以米粒大小为宜。撒料要厚薄适中，以0.5cm为宜，太薄采食困难易吃不饱饿死，太厚又容易眯眼，造成瞎眼。7日龄后换用雏鹌鹑料饲喂。

⑤ 掌握好育雏期间的温度、湿度与通风。育雏期的温度要求高而稳定，严禁忽高忽低。最适宜的温度为：1～3日龄38～39℃，4～5日龄36～37℃，6～10日龄35℃，11～20日龄30～32℃，20日龄以后以30℃为宜。温度计的高度以底部与鹌鹑背部相平为宜，在育雏过程中，不能单看温度计所示温度的高低，还要看雏鹌鹑的精神状态，雏鹌鹑打堆、挤到一块儿，说明温度低，雏鹌鹑趴成一片昏睡说明温度高，有吃食的、有休息的、分布均匀说明温度合适。

为防止雏鹌鹑脱水，1～5日龄育雏室内相对湿度应保持在60%左右，以后逐渐降低，保持在50%～55%即可。如室内湿度过高易引起病原微生物滋生、饲料霉变造成肠道病发生；湿度过低易引起雏鹌鹑脱水和呼吸道病症，可通过地面洒水的方式来调节湿度。

通风是保证雏鹌鹑体质的重要条件之一，掌握在工作人员感到身体舒适即可。

⑥ 执行合理的光照制度。一般1～10日龄采用24h光照；光照强度大一些便于雏鹌鹑采食和饮水，以100W白炽灯为宜，特别在5日龄前绝对不允许长时间停电。20日龄后可换用40W白炽灯，光照时间掌握在20h。

⑦ 保持清洁的育雏环境，雏鹌鹑所用一切用具需经常清洁消毒；雏鹌鹑按免疫程序预防接种；每天清理粪便，清洗饮水器。

⑧ 适时转群。20日龄后雏鹌鹑便可从育雏笼转入成鹌鹑笼。在转入成鹌鹑笼前三天，可将大笼用的料槽、水槽挂入育雏笼内提前适应，成鹌鹑笼的温度要和育雏室的温度相同，成鹌鹑笼的料槽、水槽要相应低一些以便雏鹌鹑采食和饮水。上笼结束后可在饮水中加一些抗应激的药物如电解多维等来增强雏鹌鹑的体质。

❓ 思考与训练

1.你的邻居张某刚运来一批雏鹌鹑，他听人说雏鹌鹑运来后不能马上饮水，因为会引起雏鹌鹑拉稀，但开食是越早越好，这样可以保证雏鹌鹑不被饿死。请根据所学知识，对他提出正确的饮水和饲喂指导，避免产生经济损失。

2.如何创造有利于鹌鹑生长的环境条件？

3.某养殖户新进了一批雏鹌鹑，他听说你学习了养鹌鹑技术，特来向你咨询如何提高雏鹌鹑的成活率。请你根据所学知识和生产实际，帮他制定出提高雏鹌鹑成活率的具体措施。

学习任务三　加强育成鹌鹑的饲养管理

任务描述

　　育成期是指出壳后20～35日龄的鹌鹑。这一时期鹌鹑从育雏笼进入成鹌鹑笼，是生长发育最迅速的一段时间，这一时期共15天。鹌鹑虽在成鹌鹑笼内生长发育，但还没有开产。育成鹌鹑发育的好坏，直接关系到蛋鹌鹑产蛋率的高低，所以对育成鹌鹑的饲养管理尤为重要。本任务的完成首先是在了解育成鹌鹑的生理特点和明确培育目标的基础上，适时转群，抓好育成鹌鹑的饲养管理。其中最关键的技术是根据育成鹌鹑的体重与标准比较，进行适当的限制饲养。

一、明确育成鹌鹑的培育目标

　　育成鹌鹑的培育目标有：体重增长符合标准，具有强健的体质，能适时开产；骨骼发育良好，骨骼的发育应该和体重增长一致；鹌鹑群体重均匀，要求均匀度在80%以上；产前做好各种免疫，使鹌鹑具有较强的抗病能力，保证能安全度过产蛋期。

二、做好育成鹌鹑的饲养管理

（一）建好成鹌鹑室和准备饲养设备

1.成鹌鹑室的建设

成鹌鹑室（图2-23）的建筑要求与育雏室基本相同，宽度比育雏室稍宽一些，要达到3.5m，每栋鹌鹑舍之间要隔3.0～5.0m，鹌鹑舍与鹌鹑舍之间要栽上树木，如梧桐、白杨等。其原因是树叶不仅能过滤空气中的细菌、灰尘，提供大量的新鲜空气，在炎热的夏季还可起到防暑降温的作用。实验证明，有树木遮阴的鹌鹑舍比阳光直射的鹌鹑舍舍内温度至少低3～5℃。

图2-23　成鹌鹑室

2.成鹌鹑的笼具

过去饲养鹌鹑没有标准的笼具，什么样式的都有，有钢筋结构的，有木质结构的，还有用砖砌成的，大部分是立体笼具，光照差，清粪不方便。现在多用6层阶梯式笼具（图2-24）（视频14）克服了这一缺点，一层可养80只鹌鹑。该笼具固定方便，通气透光性强，可利用刮粪板机械清粪，节约了大量的人力和物力。这种笼具可根据场地的不同任意组合，既可组成6层，也可组合成8层、5层、4层，使用方便。

3.成鹌鹑的料槽

成鹌鹑料槽一般用塑料制成，无塑料槽的地区可用薄铁皮、薄木板做成。

扫一扫
观看视频14

图 2-24　成鹌鹑笼

4. 自动饮水器

　　现代规模化养鹌鹑场一般采用自动饮水装置，场内所有鹌鹑舍的供水都来自一个供水塔。因鹌鹑体型较小，不能使用乳头式饮水器，必须使用专用的碗式饮水器（图2-25），饮水器内总保持一定的水位，喝多少流多少，各饮水器之间用软塑料管连接，安装方便，成本低廉。河北中禽鹌鹑良种繁育有限公司种鹌鹑场采用这种饮水器和自动清粪装置后，一个人可单独管理蛋鹌鹑12000只左右。

图 2-25　碗式饮水器

（二）做好转群前的准备

雏鹌鹑饲养至20日龄时，便可以从育雏笼进入成鹌鹑笼。转群前应做好以下几方面工作：

① 转入成鹌鹑笼前三天先将成鹌鹑笼用的水槽挂入育雏笼内，创造上大笼后的环境。成鹌鹑室室温要与幼鹌鹑室温度相同，这是保证育成期成活率的关键因素之一，上大笼后造成鹌鹑死亡过多的原因就是成鹌鹑室温度低。另外还要做到饲料、饮水、光照与育雏期相同。5天内料槽、水槽添得越满越好，料槽、水槽挂得越低越好，便于鹌鹑采食，否则将有大批鹌鹑饿死。为减少转群应激，在转群前于日粮中添加0.2%多维素。经过精心管理，鹌鹑成活率可达到95%～98%。（视频15）

② 成鹌鹑室要提前消毒。若是新鹌鹑舍，新笼具可用甲醛密闭熏蒸；对于旧鹌鹑舍和旧笼具，要先用清水冲洗，再用2%火碱溶液喷洒笼具、地面、墙壁，最后再用甲醛密闭熏蒸24h。用火碱消过毒的笼具，

扫一扫
观看视频15

上鹌鹑前需再用清水认真冲洗。

（三）转群

转群（图2-26）（视频16、视频17）时选择晴朗无风的上午进行，转群前提供给鹌鹑充足的饲料和饮水，舍内尽量保持安静。转群笼底网格要密，防止伤鹌鹑趾爪，少装快送，减少死亡。上笼时要把体质强壮和弱小的雏鹌鹑分开，将体重过小、有明显残疾的个体拣出淘汰，把体质好的放在下层笼内，体质弱的放在上层笼内。龙城鹌鹑在上笼时需要再仔细挑选一次公鹌鹑，公鹌鹑挑出后另行饲养。转群时动作要轻巧迅速，要在短时间内结束。

扫一扫
观看视频 16

扫一扫
观看视频 17

图 2-26　转群

转群完成后应立即供给充足的饲料和饮水，可在饲料中加倍添加各种维生素，同时可饮电解质溶液或添加一些抗应激的药物，如速补维生素等。室内用很弱的光线，转群两天后逐渐将雏鹌鹑饲料改为青年鹌鹑饲料，并注意观察是否有因转群而造成的伤病。

另外转群期间不要防疫，转群最好在清晨或晚上时进行。按原群组转入新鹌鹑舍，防止打乱原已建立的群序，减少争斗现象的发生。抓鹌鹑的动作要轻而迅速，不能粗暴，防止折断鹌鹑的翅膀和腿部。

（四）育成期的管理

育成期是鹌鹑生长发育过程中的一个重要时期，进入育成期后，

扫一扫
观看视频18

鹌鹑生长发育加快，采食量、饮水量明显增加。鹌鹑25日龄左右开始换羽，35日龄换羽结束并逐渐开始产蛋。这一时期的管理与育雏期相比较为简单。（视频18）在保证室内温度、提供给充足的饲料和饮水、保持良好的卫生环境的同时，要供给合理的光照，同时要避免阳光对鹌鹑的直射，因过强的光照会造成鹌鹑严重脱毛及啄羽、啄肛等恶癖的形成。

（五）做好换料工作

鹌鹑在不同的生理阶段对蛋白质和能量等营养的要求不同，需要不断更换饲料的种类，每次换料需要有一周的过渡期，把两种饲料混合起来，按一定比例、在一定的时间内，逐渐增加新饲料量、减少原来饲料量，使鹌鹑有一个适应过程。

（六）适时限制饲养

1.限制饲养的目的

可节省饲料，控制体重增长，维持标准体重，保持良好的繁殖状况，提高产蛋量与蛋的合格率；防止性早熟，使母鹌鹑的性成熟与体成熟同步，即卵巢和输卵管充分发育，机能活动增强，产蛋量增多；

减少产蛋期间的死亡率和淘汰率。

2.限制饲养的方法

限饲的方法有限量法和限质法。

限量法就是限制饲料的饲喂量，具体做法有每天减少饲喂量、隔日饲喂、限制每天喂料时间等。不同类型、不同体重状况的鹌鹑群限饲程度不同。

限量法的具体做法有多种，一是定量限饲，必须先掌握鹌鹑的正常采食量，依鹌鹑的类型、体重、周龄和标准饲喂量而定，喂给鹌鹑群自由采食时的70%～80%的量；二是停喂结合，即1周内停喂1天，或3天内停1天，或2天停喂1天等；三是限制采食时间，每天在一定的时间可自由采食，其他时间停喂。生产上多用停喂结合法。

限质限饲法就是每天供给充足的喂量，但饲料的能量、蛋白质水平降低，粗纤维含量适当增加，从而使鹌鹑每天从饲料中获取的营养总量减少，达到控制体重的目的。

目前生产上常用的限饲方法是限量法，因为此法只需减少喂量即可，不需改变配方；而限质限量法还需专门制定限饲的配方。

应特别注意蛋鹌鹑的限饲是在体重超标情况下进行的，体重达不到标准就不能盲目地进行限饲。

3.限饲的注意事项

第一，必须定期称重。在育成鹌鹑群中随机抽取5%～10%的鹌鹑称重，每1～2周称重一次，用平均重与标准重比较，若高1%，则在下周减料1%，反之则增加1%。第二，限饲主要是减少育成鹌鹑从饲料中获得过多的能量，其他营养成分应满足需要。第三，限饲期间要有足够的饲槽、饮水器，保持合适的饲养密度，使鹌鹑均等地采食、饮水和活动。第四，限饲应与控制光照相结合，切不可一边限饲一边延长光照。第五，鹌鹑在限饲前必须严格挑选，病鹌鹑、弱鹌鹑不得限饲。当鹌鹑群发病或处于其他应急状态时应停止限饲，改为自由采食。

对体重达不到要求而光照时间正常的鹌鹑群，要加强营养，增加每天的饲喂量，改善饲料的营养水平，使鹌鹑适时开产，避免体重过小而早产。

为此，本阶段的饲粮采用育雏饲粮与种鹌鹑（或产蛋鹌鹑）的饲粮混合过渡的方法，至产蛋率达5%时改用产蛋鹌鹑饲粮。

（七）控制环境条件

1.温度

育成期雏鹌鹑对温度的变化适应力较强，室温保持在20～25℃，一般不设专门的取暖设备，而是借助通风调节温度。但对刚刚离开温室的育成鹌鹑，应注意天气的剧烈变化，遇到寒流时应采取一些保温措施。

2.湿度

育成鹌鹑舍的相对湿度可在40%～55%之间变化，通风正常时不会超出这一标准。

3.密度

育成期要及时调整密度，一般每平方米笼底面积可饲养60～80只鹌鹑。如果产蛋期不转笼，则饲养60只/m^2。

4.光照

光照对育成鹌鹑的性成熟、采食、饮水及活动都有明显影响，尤其是对性成熟影响较大。从上笼（转群）第3天开始，夜间可停止光照，只需保持17h的自然光照，同时降低饲料营养标准，结合光照减少，控制性成熟期，使初产日龄控制在45日龄以后。试验表明，育成后期给予每天18～20h的光照或光照时间逐渐延长，将使母鹌鹑提前开产，若开产过早，易造成难产，影响繁殖性能的发挥，早熟鹌鹑群易早衰，并且蛋重小，产蛋高峰值低，产蛋持久性差，易脱肛，鹌鹑的体重小，产蛋期死亡率高。

育成期光照时间太短或光线太弱，鹌鹑的开产日龄延长，使产蛋期缩短，产蛋量降低。而对于任何一个品种，适时开产时产蛋量最高。因此，给予合理的光照是控制母鹌鹑适时开产的最有效措施之一。

5.空气

注意室内通风，保持空气新鲜。

（八）做好称重

育成阶段体重与开产的早晚密切相关，当体重增加过快时，易早熟，使全期产蛋量降低；而增重过慢时，开产晚，总产蛋量也低。因此，可通过控制体重的方法控制性成熟。生产上一般每1周称重1次。对称重的鹌鹑不可人为挑选，应随机抽样，逐只称重，将称得的结果与该品种标准比较，如果相差太大，应及时查找原因，采取措施。当鹌鹑群中有80%的鹌鹑体重在平均体重（误差±10%）以内时，表明鹌鹑群发育较均匀；当大部分鹌鹑超出这一范围时，说明营养过剩，应限制饲养；相反，当大部分鹌鹑低于这一水平时，说明饲养管理水平较低，应尽快改善。

（九）保持安静环境，避免应激

在鹌鹑的育成期，尤其是在开产前其生殖器官发育加快，此时鹌鹑对环境的变化很敏感。为了避免因应激而影响其正常生产发育，应采取必要措施，防止噪声，减少干扰，保持环境安静。同时，不要经常改变饲料配方和作息时间，捉鹌鹑时不可粗暴，断喙、接种疫苗、驱虫要谨慎，最好在此期间不转群，在同一舍内育成。

知识链接

为了便于加强鹌鹑的育雏和育成期的饲养管理，提高成活率，现将北京市种鹌鹑场的有关资料介绍如下，仅供养殖户参考使用。

一、育雏、育成期温度、湿度及光照

见表2-5。

表2-5　育雏、育成期温度、湿度及光照

周龄	室温/℃	相对湿度/%	光照/h		备注
1	33～35	65.0～70.0	1～3日龄	24	
			4～7日龄	22	
2	30～32	60.0～65.0	8～10日龄	20	
			11～13日龄	18	
			14～15日龄	16	
3	27～29	55.0～60.0	14		
4	24～26	55.0～60.0	12		
5	20～23	55.0～60.0	10		

注：1.保姆器给温采用电热器，串联灯泡光照；

2.1～2周龄保姆器给温高于室温2～3℃；第三周后停止给温。

二、人工育雏及育成的饲养密度

见表2-6。

表2-6　人工育雏的饲养密度

鹌鹑周龄	饲养密度/（只/m²）
1	180～200
2	50～80
3	120～150
4～5	60～80

三、鹌鹑生长期采食量和体重增长

见表2-7。

表2-7　鹌鹑生长期采食量和体重增长

周龄	日龄	日采食量/g	周内平均日采食量/g	体重范围/g	平均体重/g
1	3	3.3	3.9	10～13.5	11.5
	7	5.6		15～25	19.5
2	10	7.6	8.2	24～33	28.0
	14	9.5		33～50	41.0
3	17	11.2	11.7	46～58	52.0
	21	13.1		55～69	62.0
4	24	13.8	14.6	67～82	72.0
	28	18.2		73～92	84.0
5	31	♀ 15.5	17.4	89～110	100.0
		♂ 13.5		86～107	88.0
	35	♀ 17.5		98～122	112.0
		♂ 16.5		95～115	107.0
6	38	♀ 21.0	19.3	108～130	119.0
		♂ 19.5		104～121	112.0
	42	♀ 24.0		112～140	126.0
		♂ 19.5		107～125	120.0
7	49	♀ 22.0	20.1	130～145	137.0
		♂ 20.0		115～128	123.0

? 思考与训练

1.某养殖户经称重所养育成鹌鹑，发现比标准体重要高，请你为他制定出限制饲养的具体措施，并告诉他在限制饲养过程中应注意哪些问题。

2.某养殖户饲养的雏鹌鹑已经3周龄了，请你作为该场的技术人员，对于应该在何时进行转群，以及转群后对于育成鹌鹑应该采取何种综合管理措施，以保证在育成期结束后达到正常标准做一详细规划。

3.简述育成鹌鹑的养殖环境条件。

单元三
产蛋鹌鹑的饲养管理

单元提示

　　鹌鹑的产蛋期是指35～365日龄这一时期。此时期鹌鹑虽已开产，但不同日龄的鹌鹑其生产性能又有很大的差距，所以根据不同的日龄这一时期又可分为以下三个时期。

　　（1）产蛋前期　35～60日龄，产蛋率为0～80%。

　　（2）产蛋高峰期　60～240日龄，产蛋率在85%～95%左右。

　　（3）产蛋后期　240～360日龄，产蛋率降至80%左右。

　　商品蛋鹌鹑饲养管理的目的在于最大限度地为产蛋鹌鹑提供一个有利于产蛋的环境，充分发挥其遗传潜能，生产出更多的优质商品蛋。蛋鹌鹑产蛋率的高低，直接关系到养殖者的经济效益。因此，做好产蛋鹌鹑的饲养管理是蛋鹌鹑饲养的最后阶段生产中最关键的环节之一。本单元主要从控制产蛋鹌鹑的生活环境、掌握产蛋鹌鹑的饲养管理技术、做好产蛋鹌鹑的四季管理等几个方面对养好产蛋鹌鹑进行了分任务阐述。

学习任务一　控制产蛋鹌鹑的生活环境

------ 任务描述 ------

　　对产蛋鹌鹑而言，适宜的环境条件是保持产蛋高峰持续时间长和产蛋量高，获得养鹌鹑生产效益高的关键。本任务的完成首先需要了解产蛋鹌鹑的生理和生产特点，明确产蛋鹌鹑的饲养模式，掌握鹌鹑的产蛋规律及生产力计算方法，最后做好产蛋鹌鹑的环境控制，为后继饲养管理打好基础。

一、掌握鹌鹑的产蛋规律及生产力计算

（一）鹌鹑的产蛋规律

扫一扫
观看视频 19

　　蛋用鹌鹑的性成熟较早，开产日龄一般为35～60天，这除了与品种、品系有关外，营养与光照也起着重要作用。（视频19）

　　母鹌鹑（图3-1）开产后1个月左右即达到产蛋高峰（图3-2）且产蛋高峰期长，因此其年平均产蛋率可望达到75%～80%以上。如果按时达到高峰，说明饲养管理较正常，其产蛋曲线的下降趋势也较缓慢。反之，则应仔细检查原因，包括饲养管理及疾病防制各环节有否失当，以便及时采取相应措施。

　　产蛋母鹌鹑群的当天产蛋时间的分布规律为：主要产蛋时间集中于中午后3时至晚上8时前，而以下午3～4时为产蛋数量最多之时，因此食用蛋多于次日早晨集中一次性收取，而不是零星拾取。因为在

产蛋时间内，如饲养员入内走动、加水加料、清洁、检蛋等均会影响母鹌鹑产蛋。这些工作应于产蛋时间前完成。

图 3-1　中国白羽成年蛋鹌鹑

图 3-2　鹌鹑蛋

（二）生产力的计算

蛋鹌鹑的生产性能通过开产日龄、产蛋量、产蛋率、蛋重、总产蛋重、产蛋期体重、产蛋期料蛋比、产蛋期存活率等指标表示。

开产日龄：对个体为产第一个蛋的时间；对群体为产蛋率达50%时的日龄。

产蛋量：它有两种表示方法，即入舍母鹌鹑产蛋量和母鹌鹑饲养只日产蛋量。

入舍母鹌鹑产蛋量＝统计期内总产蛋数/入舍母鹌鹑数

母鹌鹑饲养只日产蛋量＝统计期内总产蛋数/（统计期内累加饲养只日数×统计期日数）

入舍母鹌鹑产蛋量不仅表示鹌鹑群产蛋量的高低，还反映了鹌鹑群死亡淘汰率的大小，是目前普遍采用的一种表示方法。母鹌鹑饲养只日产蛋量将中途死亡、淘汰的鹌鹑只除掉，按实际存栏的鹌鹑数计算，反映的是鹌鹑群的实际产蛋量，但用此法表示的越来越少。

产蛋率：母鹌鹑统计期内产蛋百分比，用入舍母鹌鹑产蛋率和饲养只日产蛋率表示。

入舍母鹌鹑产蛋率＝统计期内总产蛋数/（入舍母鹌鹑数×统计期日数）×100%

饲养只日产蛋率＝统计期内总产蛋数/统计期内累加饲养只日数×100%

蛋重：指蛋的重量，用克（g）表示。

总产蛋重：一定时期内产蛋的总重量，用千克（kg）表示。

总产蛋重＝（蛋重×产蛋量）/1000

产蛋期体重：用开产体重和产蛋期末体重表示。称时的数量不能少于100只，求平均数，用克（g）或千克（kg）表示。

产蛋期料蛋比：是产蛋期耗料量与总产蛋量之比。

料蛋比＝产蛋期耗料量/总产蛋量

产蛋期存活率＝[入舍母鹌鹑数–（死亡数＋淘汰数）]/入舍母鹌鹑数×100%

蛋用性能测定具体见附录1。

二、做好产蛋鹌鹑环境控制

进入产蛋期的蛋鹌鹑对环境的要求较为严格，有时环境条件的稍微变化都会引起产蛋量的突然下降，造成难以弥补的损失。对产蛋鹌鹑产蛋影响较大的环境条件主要有光照、温度、通风、湿度、噪声等（视频20）。

扫一扫
观看视频20

（一）保证合理的光照

光照对于处于产蛋期的鹌鹑尤为重要。实践证明，产蛋期光照时间太短，光线太弱，鹌鹑得不到足够的光刺激，产蛋量低。若产蛋期光照时间缩短，或光照强度减弱，会出现停产换羽现象，相反如果光照时间过长，超过17h/d，鹌鹑因受过长的光照刺激，而使产蛋增加太快，产蛋高峰提前，同时因体内营养消耗太快而使高峰期维持时间短。另外，光照时间太长鹌鹑活动量加大，会发生严重的脱羽、啄羽、脱肛现象，死亡率高。啄癖发生率高，也是造成死亡率高的重要原因之一。因此，产蛋期应遵循的光照原则为在产蛋期间光照时间要长，但最长不能超过每天17h，光照不可缩短，光照强度不能减弱。产蛋期自然光照加人工补充光照一般以16h为宜，光照强度为10.0 lx 或4W/m²。

一般在自然光照少于12h（指日出到日落的时间，大约自9月下旬开始，至次年3月底期间）时，即应增加人工光照补充到14～16h。常用的光源为白炽灯，以每平方米2.5～3.5W设计，就能达到足够的光照刺激。灯高2.0m，最好用40W的灯泡。开放式鹌鹑舍白天用自然光、晚上补充人工光照，补充的方法有晚上单独补、早上单独补、早晚分别补等多种形式，选择时应根据当地的电力供应情况而定。密闭式鹌鹑舍按照光照的要求，完全使用人工光照。

控制光照时应注意，每天开灯时间最好固定不变，比如每天早晨6:00开灯至日出、晚上日落开灯至8:00～10:00关，这样便于管理。每天的光照时间要固定，如要延长时应逐渐增加；开闭灯时应渐亮或渐暗，若突然亮黑，易引起惊群；安装的灯泡要有灯伞，灯泡要勤擦，坏灯泡应勤换。在采用多层重叠式笼养时，电灯可挂在不同的高度（呈锯齿状排列），使各层产蛋鹌鹑都能接受到光照。

（二）保持良好的环境温度

环境温度是获得较高产蛋率的重要条件。鹌鹑与鸡相比体型较小，抗热能力比抗寒能力强，鹌鹑在夏季很少发生中暑现象，舍内温度短时间达到35℃时对产蛋率影响不大，但当舍温超过37℃而不采取降温措施，则常会引起产蛋鹌鹑中暑死亡。当舍温低于15℃时产蛋率明显下降，且抗病力显著降低；当舍温低于10℃时产蛋率降低50%以上。

对于产蛋鹌鹑来说，适宜的产蛋舍温为17～28℃，而24～25℃可获得最好的产蛋效果。一般应保持在15～30℃，忽高忽低的舍温会严重影响蛋鹌鹑生产性能的发挥。

（三）做好鹌鹑舍通风

鹌鹑舍通风的目的是排除有害气体，降低温度，调节湿度。在冬季舍内气流速度以0.1～0.2m/s为好，夏季以0.5m/s为适，开放式鹌鹑舍夏季以1.0～1.5m/s为好。夏天的通风量为每小时3.0～4.0m³，冬天为1.0m³。层叠式比阶梯式笼架通风量还要多些。

因鹌鹑的密度大，代谢旺盛，每天排出大量的粪尿，这些粪尿与洒落的饲料一起发酵产生大量的有害气体，主要有氨气、硫化氢、二氧化碳等，这些有害气体如不及时排除将会对鹌鹑产生严重的不良影响。一般要求鹌鹑舍氨气的浓度不超过0.002%，二氧化碳不超过0.15%，硫化氢不超过10.0mg/kg。

在夏季鹌鹑舍窗户全部打开，一般不用采取通风措施。当舍内温度达到37℃以上时，应采取机械通风。冬季鹌鹑舍的通风主要通过天窗的开闭来进行，一般要在温暖无风的中午进行，通风时间以2～3h为宜（图3-3）。全封闭式蛋鹌鹑舍采用风机自动控制通风，通过管道进行换气（图3-4）。

图 3-3　通风

图 3-4　全封闭式管道通风

（四）控制鹌鹑舍湿度

鹌鹑舍水气的来源主要有三个途径，一是呼吸蒸发和排出的粪尿；二是水槽蒸发的水分；三是空气中的水分进入鹌鹑舍。在良好的通风条件下，舍内空气湿度不会太高，但通风不良或外界湿度太大时，往往引起湿度超标。鹌鹑对舍内湿度的变化适应性较强，但55%～65%的相对湿度最利于其生产性能的发挥。

鹌鹑舍湿度高时，如超过75%，鹌鹑的羽毛潮湿污秽，关节炎病症出现较多，如果伴随低温，则情况更为严重，因温度低，水蒸气在鹌鹑体表凝聚成水滴，鹌鹑体受冷，散热量增加，耗料多，且易感冒。

高湿伴随高温，鹌鹑体通过蒸发散热受到阻碍，引起体温升高，从而影响生产和生活。同时高湿高温有利于微生物的繁殖，导致疾病发生。

（五）保证合理密度

产蛋鹌鹑饲养密度（图3-5）不能太大，否则会影响正常的采食与休息，而且容易引起啄羽、啄肛、啄蛋等恶癖，也易患其他疾病。群体一般最多不超过35只。一般容纳10只鹌鹑的单体笼长为58.0cm，宽为30.0cm，高为25.0cm。

图3-5　饲养密度较大

（六）良好的卫生环境，避免环境噪声

勤清粪、勤清洗水槽是保持鹌鹑舍卫生的主要手段。清粪最好每天一次，最少也要3天一次，应在上午进行（因为鹌鹑产蛋集中在下午3时到晚上9时），清粪后用消毒液消毒，最后地面再撒一层生石灰粉。

鹌鹑生活的环境或鹌鹑场周围的噪声强度过大，会引起鹌鹑啄癖、惊恐、飞腾，严重时引起产蛋量下降甚至死亡。要求鹌鹑生活的环境噪声以不超过85dB为宜。

影响蛋鹌鹑生产的诸因素之间有着密切的联系，而不是孤立作用的，如加大通风量时，鹌鹑舍的温度就要降低，这在夏季是有利的，但在冬季就要影响室内的保温，因此要综合考虑。

？ 思考与训练

1.请你根据蛋鹌鹑的产蛋规律，说出产蛋期各阶段是如何划分的。另外，请思考表示蛋鹌鹑生产性能的指标有哪些。

2.你饲养的蛋鹌鹑已经开产，请根据所学知识，制定出一套蛋鹌鹑产蛋期间的环境控制方案。

3.简述产蛋鹌鹑光照的原则及控制措施。

学习任务二　　掌握产蛋鹌鹑的饲养管理技术

任务描述

为了便于管理，人们把进入产蛋阶段的蛋鹌鹑根据产蛋量的高低及产蛋率的变化规律，分为初产期（35 ～ 60 日龄）、高产期（60 ～ 240 日龄）和终产期（240 ～ 360 日龄）三个阶段。

本任务的完成首先要加强初产期的饲养管理，其次要做好提高高产期产蛋率的饲养管理，最后要在稳定终产期产蛋率的基础上，逐步淘汰。对于想养第二个产蛋年的养殖户，蛋鹌鹑的强制换羽技术是关键。在整个饲养过程中以及强制换羽前，都要将低产鹌鹑进行淘汰，从而降低饲料损耗，这就需要养殖者掌握高产鹌鹑与低产鹌鹑的鉴别技术。另外，对于开放式产蛋鹌鹑舍，为了保证产蛋鹌鹑的生活环境尽量一致，不同季节应采取不同的管理措施。

一、加强初产期（35～60日龄）的饲养管理

鹌鹑生长至35日龄后，便逐渐开产。刚开产的蛋鹌鹑产蛋没有规律性，鹌鹑蛋蛋重较小，一般在8.0～9.0g左右，并且畸形蛋、白壳蛋、软壳蛋较多，随着日龄的增长，蛋重逐渐增大，畸形蛋、软壳蛋逐渐减少。

扫一扫
观看视频21

初产期是母鹌鹑由生长期向产蛋期过渡的重要阶段，因此，鹌鹑开产后要使用蛋鹌鹑饲料配方。除此之外，在饲养管理上还要采取一些其他措施，以利母鹌鹑很好地适应这一转变，并为以后的高产做好准备。（视频21）

（一）了解产蛋鹌鹑的营养需要，合理饲喂

这一时期的管理要点是防止鹌鹑过肥和脱肛，饲料中的蛋白质水平不可太高，达到20%即可。要投喂全价配合饲料（图3-6），定时饲喂，少喂勤添，防止溅落，两次喂料之间净槽。饲料搅拌均匀，不投喂发霉变质饲料，注意根据舍温以及产蛋率调整日粮。

白羽鹌鹑全年产蛋率的分布及不同时期的料蛋比见表3-1。

表3-1 白羽鹌鹑全年产蛋率的分布及不同时期的料蛋比

日龄	产蛋率/%	料蛋比
35	开始见蛋	
45	50	
50	70～80	
60	80～90	
80～220	90～95	2.1:1～2.3:1
220～300	85～90	2.2:1～2.4:1
300～360	80	2.4:1～2.5:1

图 3-6　蛋鹌鹑料

（二）保证合理的光照

遵循产蛋期的光照原则，即光照只能延长不能缩短。注意光照强度的合理性，光照强度过大、时间过长，鹌鹑活动量就大，体重相对较轻，这样整个产蛋期平均蛋重就轻。这一时期，光照时间应掌握在自然光照加人工补充光照为14h适宜，用25W的白炽灯照明即可。

（三）保持环境的安静与稳定

尽量减少应激因素。刚开产的蛋鹌鹑对环境的变化非常敏感，尤其是白羽蛋鹌鹑。环境条件及操作管理的稍微变化，都可能对其产蛋产生明显影响。一时的应激所引起的不良反应往往数日后才能恢复正常，甚至有的很难恢复，难以达到正常的产蛋高峰。因此，为了减少应激，应制定严格的科学管理程序，饲料变更要有一个过渡时期，防止突然变化。

（四）观察鹌鹑群

观察鹌鹑群（图3-7）是一项细致的工作，饲养员每天早晨开灯后，观察鹌鹑群的精神状态和粪便是否正常，若发现病鹌鹑和异常鹌鹑应及时隔离检查、治疗，对病死鹌鹑进行焚烧或深埋；喂料时观察

图3-7　观察鹌鹑群

鹌鹑的采食和饮水情况，检查水槽是否漏水；夜间听听鹌鹑舍内有无呼吸道发出的异常声音；中午应仔细观察有无啄癖的鹌鹑，若发现应立即捡出。

（五）保持舍内清洁

注意保持鹌鹑舍内和环境的清洁卫生（图3-8），每天清粪一次、早晚各洗刷水槽一次，饲槽及其他饲喂用具要定期洗刷消毒。鹌鹑舍和周围环境每1～2周消毒1次，有疫情时增加消毒次数。饲养员每次进入鹌鹑舍时都要消毒。每天净槽一次，收集掉落在地上的废料，集中处理。每周打扫一次，擦净灯泡和门窗玻璃，扫除卫生死角，清除舍外杂草，查堵鼠洞等。

图3-8　清粪、清扫、消毒

扫一扫
观看视频22

目前，一些大的鹌鹑饲养场多采用传送带式自动清粪装置（图3-9），定时自动进行清粪，大大节约了劳动成本，但前期设备投入较大。（视频22）

图 3-9　自动清粪设备

（六）做好生产记录

准确而完整的生产记录可反映鹌鹑群的生产动态和日常饲养管理水平，它是考核经营管理效果的重要依据。应当记录的内容有产蛋量、产蛋率、蛋重、耗料、体重、鹌鹑只死亡淘汰数、舍温、防疫等。

（七）其他应注意问题

保持环境安静，防止各种应激，鹌鹑敏感、易受外来刺激，应尽量避免或减轻。

防止泄殖腔外翻，实践中常在产蛋母鹌鹑开产的头 2 周内，发现产蛋鹌鹑有泄殖腔外翻的病例，据统计可高达 1% ～ 3%，主要原因是未限制饲喂，蛋白质水平偏高，性成熟过早，少数原因是产大蛋、双黄蛋等。针对上述原因，应采取开产初期的蛋白质水平不能偏高，以及减少双黄蛋的产生的措施。抓好鹌鹑在育雏和育成期的管理，培养健康的产蛋鹌鹑，防止产蛋鹌鹑偏肥或体质虚弱。另外，适当降低光照强度，也可减轻本病发生。

扫一扫
观看视频 23

二、提高高产期（60 ~ 240日龄）产蛋率的饲养管理措施

每天饲喂要达到四次，即早、中、晚各一次，熄灯前1h再喂一次。

蛋鹌鹑由始产期末到产蛋开始迅速下降这一阶段为主产期。此期鹌鹑的产蛋规律性很强，蛋重稳定、均匀，需经历25 ~ 26周。（视频23）

（一）了解生产特点，保证营养供给

这一时期鹌鹑产蛋率达到了85% ~ 95%（图3-10），需要从日粮中摄取大量的蛋白质、能量及各种营养物质，饲料中蛋白质含量应达到22%以上，但不可高于24%，要求蛋白质品质好。这一时期的饲养管理要点是满足营养需要，创造良好环境，延长产蛋高峰期，减缓产蛋率下降速度，避免应激，使鹌鹑维持一个较长时间的产蛋期。产蛋期鹌鹑饲料配方见表3-2。

图 3-10 高产期

表 3-2 产蛋期鹌鹑饲料配方

原料	配比 /%	原料	配比 /%
玉米	49.37	石粉	6.00
麸皮	3.0	食盐	0.20
豆饼	22.0	蛋氨酸	0.10
棉粕	5.0	多维素	0.03
肉粉	4.0	微量元素	0.10
鱼粉（进口）	8.0	维生素 A、D_3 粉	0.20
骨粉	2.0		

（二）抓好饲养管理

1.控制好环境条件

根据此阶段蛋鹌鹑对光照时间和光照强度的要求，合理安排每天补充人工光照的时间和方法，建立较为稳定的光照方案，不能随意改动。遇到停电要立即发电，在没有发电机的小型鹌鹑场，若晚上停电较多，可安排在早晨补充光照。灯泡要勤擦，对坏的要及时更换。

在最适温度下，蛋鹌鹑耗料最少，而产蛋最多。因此，在进行经济核算的前提下，在使鹌鹑舍温度尽量接近最适温度。为了避免夏季温度过高，可采取加大通风量、鹌鹑舍喷雾、屋顶喷水等方法降温，严重高温时，可在鹌鹑体直接喷水。

采用自然通风时，冬季在中午前后将门窗打开，夜间或早晚少开或不开，视舍内温度而定。采用机械通风时，夏季将风扇全部打开，冬季只开1/3～1/2，保证舍内的风速均匀，不要有贼风和死角。同时在风口处设挡风板，避免进风直接吹向鹌鹑体。

为了避免舍内湿度过高，鹌鹑粪应经常清扫，适当加大通风量，避免漏水。

2.避免应激因素

产蛋高峰值的高低和持续时间长短，不仅对当时产蛋的多少有影响，而且与全期产蛋的多少有直接关系。若产蛋高峰值高，持续时间长，以后产蛋曲线在高水平上降落，全期产蛋量高；如果产蛋高峰值上不去，持续时间短，则全期产蛋量低；当产蛋高峰期受到较强的应激，如疾病、换料、抓鹌鹑、噪声、突然改变环境条件等的影响，则产蛋率很快下降，并且这种下降往往是难以恢复的，从而使产蛋量受到大幅度的削减。

因此，该阶段应尽量减少或避免应激，要保持饲养环境条件的相对稳定，更要保持安静，以期高产稳产，降低鹌鹑的伤残率与死淘率，降低鹌鹑蛋的破损率。此期不进行免疫、驱虫、转群等活动，饲料保持相对稳定，操作管理定时、定点、定人，力争使环境、饲料、管理各方面保持稳定，充分发挥鹌鹑的遗传潜力，使产蛋高峰尽可能达到最高点。

高温季节要防暑降温，除加强通风外，可在饮水中添加维生素C与某些电解质，以期保持食欲，稳定产蛋率，改善蛋壳品质。寒冷季节要采取防寒保暖措施，防止产蛋急剧下降或输卵管外翻。

3.减少畸形蛋和破损蛋

畸形蛋（图3-11）常见的有色淡、软壳蛋、沙皮蛋、不表现鹌鹑蛋正常的颜色等，蛋的破损给生产带来严重损失，因此，减少破蛋可有效提高经济效益。造成破蛋的原因有很多，主要有品种、营养水平、环境温度、笼底结构、鹌鹑的年龄、疾病等。一般畸形蛋多见于日粮中钙、磷、锰、维生素D_3缺乏；环境温度过高时破损率高；笼底结构不合理、铁丝过于坚硬、缺乏弹性、倾斜角度不合适时，破损率高；产蛋的后期破损率高；患有疾病，如新城疫、气管炎等时，由于对钙的吸收不良，而使蛋壳变薄，蛋的破损率高。

图3-11　畸形蛋

针对以上原因采取措施，可有效地减少蛋的破损，例如：在引种时应选择蛋壳品质好的品种或品系，饲养上保证钙、磷、锰、维生素等的供给，严格控制鹌鹑舍温度，使用高质量的鹌鹑笼，在产蛋后期增加日粮的钙含量，尽量减少疾病的发生，增加捡蛋次数，运输蛋时用专门的蛋箱，途中防止剧烈颠簸。目前，大型鹌鹑饲养场多采用自动收蛋设备（图3-12）（视频24），既减小了劳动强度，节约了人工成本，又减少了破蛋率，但前期设备投资较大。

扫一扫
观看视频24

图 3-12　自动收蛋设备

4.做好记录

将每天的产蛋、耗料、鹌鹑只死亡淘汰数准确记录下来，并及时向技术员反映，遇到不正常时，及时查明原因，采取措施。

5.注意观察

在捡蛋和喂料的同时，观察鹌鹑的精神状态、采食饮水情况和粪便的变化；检查有无漏水或乳头式饮水器是否有不出水的现象，察看温湿度是否适宜、空气是否新鲜。

三、稳定终产期（240 ～ 360日龄）产蛋率的饲养管理技术

（一）了解生产特点

这一时期产蛋率逐渐降低至80% ～ 85%左右，并且有一部分鹌鹑

扫一扫
观看视频25

已经停产，约占3%左右，对于停产的鹌鹑要提前淘汰。这种停产的鹌鹑肛门已严重收缩干燥，无光泽，无弹性。随着日龄的不断增加，鹌鹑体质下降，抗病力降低，自然淘汰率逐渐增加，若平时不注意预防，日淘汰率可达到千分之一以上。另外蛋壳质量明显降低，蛋的破损率增加，但蛋重较大，此时的蛋鹌鹑便进入终产期，持续约17周。（视频25）

（二）保证营养供给

鹌鹑到了后期，产蛋率下降，日耗料增加，蛋料比降低，这一时期日粮中蛋白质水平要保持在20%～21%。饲料或饮水中定期加一些预防大肠杆菌病的药物，如杆菌肽锌、土霉素、环丙沙星等，这样可显著降低自然淘汰率，提高产蛋率。随着鹌鹑吸收能力的下降，蛋壳逐渐变薄、韧性降低，要注意饲料中钙和维生素A、维生素D_3的添加。

（三）抓好饲养管理

该阶段的主要饲养管理要点是使产蛋率尽量缓慢或平稳下降，保证蛋的品质。具体做法是：继续保持环境的稳定，提供适宜的环境条件，在淘汰的前2周增加光照到每天17～18h，使鹌鹑发挥最后的冲刺作用。当鹌鹑没有饲养价值时，可选择时机予以淘汰。

（四）做好强制换羽

对优秀的产蛋鹌鹑群，由于生产的迫切需要，可以施行强制换羽，以克服自然换羽期长、换羽速度慢、产蛋期不集中等弊病。

常用的人工强制换羽法，多利用停止喂料与饮水达4～7天（夏季需使适度饮水），制造黑暗环境，在突然改变其生活条件的情况下使鹌鹑群迅速停产，接着大量脱落疏毛，再逐步加料，逐步恢复光照，达到开产整齐。

从停饲到开产仅需20天时间。只要管理得好，换羽期间的死亡率就会控制在较低水平，为此要做好防病工作，平时加强观察与护理。具体做法是：将产蛋率降到30%左右，尚未换羽的产蛋鹌鹑，在遮光的笼内绝食4～7天，绝食时间的长短视羽毛脱落的情况而定。如果绝食4天时，蛋鹌鹑羽毛基本脱完，可在第5天逐渐恢复供料，逐渐恢复光照。在强制换羽期间，必须注意饮水不可中断，一旦新毛长齐即开产。人工强制换羽以夏季进行为好，因气温较高，不需另行保温。

四、做好产蛋鹌鹑的四季管理

（一）春季管理

春季气温开始回升，日照时间逐渐延长，是产蛋较为适宜的时期，但各种微生物也开始大量繁殖，所以，春季要提高日粮的营养水平，满足产蛋的需要；增加捡蛋的次数，减少破蛋；逐渐增加通风量，鹌鹑舍内外进行彻底消毒，以减少微生物的繁殖；搞好卫生防疫和疫苗注射，减少疾病的发生；同时搞好鹌鹑舍周围的植树工作。

（二）夏季管理

夏季气温较高，日照时间长，应当做好防暑降温工作（视频26）。鹌鹑舍周围多植树，加大通风量到最大；当舍温达到37.8℃以上时，在进风口处搭水帘，或在屋顶浇水，还可在鹌鹑舍喷水，尽量将舍温控制在30℃以下，让鹌鹑饮常备不断的清洁水；严重高温时可在水中加入维生素C、蛋氨酸、碳酸氢钠等；

扫一扫
观看视频26

适当增加日粮的蛋白质含量（提高1%～2%），提高蛋白质品质，最好在早晨较凉爽时补充光照，同时加料，以增加鹌鹑的采食量。

（三）秋季管理

秋季天气渐凉，日照渐短，但早秋较闷热，雨水较大，鹌鹑易患呼吸道病（如传染性支气管炎、支原体病等）和鹌鹑痘。这一阶段的饲养管理要点是：根据要求补充人工光照；白天加大通风量，以解除闷热和排除多余的湿气；注意收看天气预报，减小天气剧变对鹌鹑的影响；在饲料或饮水中加入预防性药物（如环丙沙星、恩诺沙星等）；防止蚊蝇叮咬，减少疾病发生的机会；尽量减少或避免应激因素，防止产蛋量的急剧下降。对于上年春天育雏的蛋鹌鹑或种鹌鹑，若饲养两个产蛋期，此时正是脱毛换羽的时期，应根据换羽的早晚和快慢，合理选留和淘汰，将换羽早、换羽慢的鹌鹑淘汰，留下换羽晚、换羽快的鹌鹑，并将瘦弱、有病的鹌鹑只淘汰掉。对留下的鹌鹑进行鹌鹑新城疫疫苗注射。若不采用自然换羽，也可用人工强制换羽法。

（四）冬季管理

冬季气温低，光照时间短，其管理要点是防寒保温、补充光照，因此要做到以下几点：

1.加强保温

将养鹌鹑房子北面和西面的窗子全部封闭；有裂缝的墙，也要用沙泥把裂缝堵上；朝南的门、窗，还要挂上草帘。这样，在冬季就可以防止寒风侵入，使室内温度保持在15℃左右。当室内温度低于10℃时，应在室内生火炉，以提高室温，否则鹌鹑的产蛋率将下降。特别是在寒夜和天气骤冷时，要勤查室内温度，一旦发现室温过低，就要立即生起火炉，防止把鹌鹑冻坏。

适当加大笼养密度，每平方米可以饲养90～100只。或者在背风向阳的地方搭建双层塑料大棚，也可以建双层鹌鹑舍，夹层中填充谷壳、煤渣、锯末等，夜间加盖草帘保温。

2.给饮温水

冬季水温低，不宜给鹌鹑饮冷水，而应给鹌鹑饮温水，水温一般应在20～30℃之间。每天饮温水三次，不要让其自由饮水，以免妨碍鹌鹑对饲料的消化。同时，对鹌鹑饲喂的湿料，也应用温水调制，不能太凉。

3.补充光照

鹌鹑在正常产蛋时，每天需光照15h，但到了冬季，每天光照时间已不足12h，因此，每天需补充光照3～4h，才能使鹌鹑正常产蛋。补充光照的方法是可以将60W的电灯悬挂在室内2.0m高的地方。如果天寒地冻，门、窗都已被遮严，阳光透不进室内，白天也应用电灯照明，以保证鹌鹑正常产蛋所需要的光照时间。

4.防止呼吸道疾病的发生

因为在冬季为了保证鹌鹑舍温度，往往通风量减少，致使鹌鹑舍空气污浊，有害气体浓度过高，长期刺激呼吸道黏膜，增加了对呼吸道疾病的易感性，如支原体病的发病率明显增加，严重影响鹌鹑群健康和生产。因此，此时在保证温度的前提下，应注意通风换气，有条件的可设置热风炉向鹌鹑舍吹热风。

5.平衡营养

冬季应饲喂营养全面的配合饲料，并供给适量的沙粒让鹌鹑自由采食，以促进消化。同时供给清洁的温水供鹌鹑饮用。冬季鹌鹑的饲料平衡配方为：豆粕15%、精料10%、鱼粉15%、玉米54%、麸皮3.5%、骨粉1.5%、干草粉1%，适当添加维生素A、B族维生素和维生素D。

6.及时防病

冬季鹌鹑笼养一般比较密集，一旦发病，需及时隔离治疗。防鹌鹑白痢病可用诺氟沙星拌料或饮水，连续喂7天。治疗溃疡性肠炎，用青霉素肌内注射，每只一次1万国际单位，早晚各一次，或灌服磺胺咪唑，每只每次1/4片，第一次加倍，一日2次，连续给药5天。治疗支气管炎，在饲料中添加0.005%泰乐菌素，连续10天，停药5天，再给药5天，喂药的同时在饮水中添加泰乐菌素。

知识链接 产蛋鹌鹑舍的日常工作程序（供参考）

早晨6:00—7:00，第一次饲喂。

上午11:00—12:00，第二次饲喂。

下午5:00—6:00，第三次饲喂。

晚上6:00—9:30，第四次补充式饲喂，对于吃光的料槽再适当补充一些饲料。

收商品蛋：在早晨或下午4:00—5:00进行。

清粪、打扫卫生、消毒、检查笼具、清洗自动饮水器、检查自动饮水器是否堵塞等工作，一般在上午9:00—11:00进行。鹌鹑舍可三天清一次粪。（视频27）

具体蛋鹌鹑的饲养管理见附录2蛋用型鹌鹑饲养管理技术规程，附录3蛋用鹌鹑养殖技术规程，附录4蛋用型鹌鹑规模化生产技术规范。

扫一扫
观看视频27

? 思考与训练

1.你饲养的蛋鹌鹑已经到了高产期，请根据所学知识，制定出一套蛋鹌鹑高产期间的饲养管理方案，以提高蛋鹌鹑的产蛋率，增加经济效益。

2.某养殖户的蛋鹌鹑已到了淘汰期，由于本批鹌鹑产蛋效果不错，他想接着饲养该批鹌鹑进入第二个产蛋年，请根据所学知识，帮他制定出该批鹌鹑的强制换羽措施，并制定出新的蛋鹌鹑饲养管理方案，以提高蛋鹌鹑来年的产蛋率，增加经济效益。

3.某养殖户饲养的蛋鹌鹑产蛋率已开始下降，他计划淘汰一部分低产蛋鹌鹑，请根据所学知识，结合生产实际，帮他挑选出低产的蛋鹌鹑。

4.请根据所学知识，结合生产实际，制定出产蛋鹌鹑不同季节的管理方案。

单元四

肉用鹌鹑的饲养管理

单元提示

鹌鹑不仅生长发育的强度较高，并且具有较高的抗病力。公认鹌鹑肉的特点是有特殊的风味和较高的生物学价值。肉用鹌鹑专指供肉食之用的鹌鹑，主要包括肉用型的仔鹌鹑、肉用与蛋用杂交的仔鹌鹑，甚至包括需要肥育上市的蛋用鹌鹑。肉用鹌鹑饲养管理的主要任务是获得最佳的增重饲料报酬，以期获得较好的经济效益。

肉用鹌鹑主要指专门的肉用品种和养鹌鹑场或专业养鹌鹑户将公鹌鹑淘汰作肉鹌鹑出售的鹌鹑。我国多为淘汰的鹌鹑做肥育用，一般45日龄上市，阉割肥育可增加体重，但这样饲养周期长，耗料多，经济效益不高。肉用仔鹌鹑管理的原则是饲料供给量大，营养标准高，使鹌鹑多吃快长，并限制其运动，减少能量消耗，在体内很快沉积脂肪，尽量缩短饲养周期，一般要求45～50日龄达到250.0g以上出售。国外优良品种仔鹌鹑35～45日龄达到250.0～300.0g。

一、提高鹌鹑肉品质的措施

（一）选择鹌鹑肉品质优良的品种

一般来说，肉用型仔鹌鹑的鹌鹑肉品质优于蛋用型的；而肉用型的品种间或同品种内的不同品系间，其鹌鹑肉品质也不尽相同。我国常见的肉用鹌鹑品种如下：

1. 法国肉用鹌鹑

法国肉用鹌鹑又称法国巨型肉用鹌鹑（图4-1），由法国鹌鹑育种中心育成，为著名的肉用型品种。其体形硕大，体羽呈灰褐色与栗褐色，间杂有红棕色的直纹羽毛，头部呈黑褐色，头顶部也有三条淡黄色直纹，尾羽较短。公鹌鹑胸部羽毛呈棕红色，母鹌鹑则为灰白色或浅棕色，并缀有黑色小斑点。初生雏胎毛为栗色，背部有三条深褐色条带，色彩明显，具光泽，其头部金黄色胎毛至1月龄后才逐步脱换。

图4-1　法国肉用鹌鹑

肉用仔鹌鹑屠宰日龄为45天，0～7周龄耗料1000.0g（含种鹌鹑耗料），料肉比为4∶1（含种鹌鹑耗料）。5周龄公仔鹌鹑重180.0g，母仔鹌鹑重210.0g，比同期蛋用型鹌鹑体重增加20%左右。40天体重达220.0～240.0g。育成一只鹌鹑平均耗料750.0～850.0g。

该品种胸肌尤为发达，骨细肉厚，半净膛率达88.3%。肉鹌鹑屠体饱满，美观大方，肉质鲜嫩，其鹌鹑肉中的肌苷酸、谷氨酸等的含量比肉鸽高136.53%。

2. 美国法老肉用鹌鹑

此为美国新近育成的肉用型品种。据报道，成鹌鹑体重300.0g左右，仔鹌鹑经肥育后5周龄活重达250.0～300.0g。该品种生长发育快，屠宰率高，鹌鹑肉品质好。据测定，9周龄屠宰活重186.6g，净膛胴体平均重130.0g，占体重的69.7%；胴体中一级肉占86%，二级肉占14%。

3. 美国加利福尼亚肉用鹌鹑

此为美国育成的著名肉用型品种之一。按成年鹌鹑体羽颜色可将其分为金黄色和银白色两种，其屠体皮肤颜色亦有黄白之分。成年母鹌鹑体重300.0g以上，种鹌鹑生活力与适应性强。肉用仔鹌鹑屠宰适龄为50天。

此外，肉用鹌鹑品种较著名的还有澳大利亚肉鹌鹑、英国白羽肉鹌鹑等。

（二）选择好鹌鹑的年龄

鹌鹑的年龄对肉质有很大的影响。如肉用仔鹌鹑（30～50日龄）的肌肉细嫩多汁，而淘汰的种鹌鹑（180～300日龄）的肌肉质地粗老，但香味浓郁。因此它们各有特点，可适应不同消费者的需要。

（三）实施育肥技术

育肥技术不仅能增加屠体重、屠宰率，而且能大大改善肉的品质和增加适口性，提高商品等级与经济价值。因为经短期育肥，脂肪积存于皮下，渗透于肌纤维间，更宜于烤、炸、煨等烹调风味，虽然增加了投入，但可获得更高的产出效益。

（四）增加肉质风味

鹌鹑经长期家养，其肉质的风味，尤其是香味有所减退，为此，可采用下列方法加以补救。

① 在鹌鹑的饲粮中加入大蒜，其中含有丰富的改善肉味的某些成分，将有效地增加鹌鹑肉的香味，且对鹌鹑的生长、防治肠胃疾病以及增加食欲大有益处。大蒜粉添加剂占饲粮的2%左右，即可奏效。

② 在鹌鹑的饲粮中加入腐殖叶，也可以提高鹌鹑肉的风味。据报道，只需收集树根周围已腐败的落叶，将其烘干磨粉后添加于饲粮中，添加量占饲粮的3% ~ 5%即可。这也是为什么放牧饲养家禽和特禽可使肉质变优的原因之一。

③ 尽量减少饲粮中鱼粉、蚕蛹等动物性饲料的添加量。由于鱼粉的腥味和蚕蛹的膻味，常常会影响鹌鹑肉（含鹌鹑蛋）的正常风味，而使消费者不快。为此，应少喂鱼粉和蚕蛹，而是饲喂代鱼粉饲料（饲料酵母加豆饼与复合氨基酸）。另外，在上市或屠宰前5 ~ 7天应停止使用鱼粉、蚕蛹，有条件时，应全部停用，这样既可降低饲料成本，还可防止大肠杆菌等的污染。

（五）采取雏鹌鹑断翼术

断翼术既有利于雏鹌鹑生长，也有利于屠体品质的提高，经济效益佳。可在1日龄时用灼热的电烙铁自雏鹌鹑臂骨下1/3和肘关节之间烙断两翅部分。鹌鹑断翼可显著提高屠宰率、全净膛率、胸肌率和腿肌率等。

二、加强肉用鹌鹑的饲养管理

（一）笼具

采用特制的育肥笼，肉用仔鹌鹑25 ~ 30日龄时便可转入育肥笼内育肥，育肥笼与青年鹌鹑笼相似，只是笼的高度为12.0cm，以防仔鹌鹑跳跃，笼底用较柔软的材料制成，每平方米笼底面积可饲养80 ~ 85只鹌鹑。笼内光线要暗些，以能采食和饮水即可。

（二）日粮

肉用鹌鹑对饲料所含代谢能要求较高，粗蛋白质的含量可适当降低，一般育肥期间的代谢能应保持在12.98MJ/kg、蛋白质含量为20% ~ 22%。饲料应以摄入高能量的饲料为主，可多喂富含淀粉且易消化的碳水化合物饲料。肉用仔鹌鹑体重大，骨骼细，应保证饲料中有足够的钙和维生素D，同时可添加一些天然色素或人工合成色素添加剂，可适当添加植物性香料或谷物粉，以改进肉鹌鹑的食用质量。肉用仔鹌鹑的日粮配合比例见表4-1。

表 4-1　肉用仔鹌鹑的日粮配合比例　　　　　　　单位：%

原料	22～35日龄	36日龄至出售
玉米	56.0	51.8
麸皮	3.95	3.55
干草粉	1.0	4.2
豆饼	24.0	22.2
鱼粉	13.0	12.0
骨粉	1.5	2.8
贝壳粉	—	2.8
食盐	0.3	0.35
添加剂	0.3	0.3
多维素	0.05	0.05
合计	100	100
粗蛋白	23.71	22.42

（三）肉用仔鹌鹑舍的环境控制

肉用仔鹌鹑在20日龄前的饲养管理与蛋用鹌鹑育雏基本相同。

1.室温

肉用鹌鹑的保温与育雏鹌鹑的保温相似，主要是"看鹌鹑施温"。温度过低，会增加采食，降低饲料报酬。一般育雏温度比蛋鹌鹑高10～20℃，20～25日龄转入育肥笼，温度以20～25℃为宜，过低影响生长速度，也易增加死亡率。要做好防暑降温和防寒保暖工作，以期获得更佳的饲料转化率，提高成活率。

2.光照

肉用鹌鹑的光照宜采用暗光，光线太强易产生啄癖、惊群等现象。实验表明，光照时间长短及其强弱对肉用仔鹌鹑的增重速度没有明显的刺激作用，光照对肉用仔鹌鹑来讲，只是方便充分采食和饮水。照明时间总体来讲不宜超过12h。

一般采用23h光照，光照强度1～3天用10.0 lx，每10.0m² 地面用一盏25W的白炽灯泡，从第4天开始换成15W灯泡，灯泡离地面高度1.7m。20～25日龄转入育肥笼后，光照时间改为10～12h的暗光照饲养，以使其安静休息，灯光以红光为宜。也可采用1h光照、3h黑暗的交替光照制度，不仅可以获得较高的活重和较低的耗料，而且死亡率降低，光照强度同20日龄前，饲养效果较佳。

3.饲养密度

可适当比蛋用鹌鹑略高。

4.通风

通风量需适当加大。

（四）预防应激

在转群和换笼做预防时，要注意防止造成鹌鹑骨折和挫伤。转群后两天内不能改变原有的环境条件和工作日程，以后逐渐改变。鹌鹑舍要保持安静，防止惊扰，30日龄后雌雄鹌鹑分群肥育，保证均衡发育。

（五）合理分群

肉用鹌鹑一般都采用公母分群饲养，分群饲养还能提高上市时的整齐度，降低残次率，提高料肉比。如果初生时难以鉴别，1月龄后仍需按公母、大小、强弱分群饲养育肥。公母同笼饲养因公鹌鹑产生交尾现象，招致整群骚动不安，影响育肥效果。即便分群，公鹌鹑与公鹌鹑也有相互爬跨现象，所以宜定时定量饲喂，喂食后不久，应全部遮暗，使之休息。

（六）合理饲喂

肉用鹌鹑在前三周一般采用育雏期间的饲料营养，后期应适当增加能量含量。一般为自由采食，自由饮水。饲料更换时，为了做到饲料变化合理及不致对生长引起短暂的影响，最好在更换的前三天喂两份育雏料、一份育成料的混合料，然后在另外三天再饲喂一份育雏料、两份育肥料的混合料，最后过渡到育肥料。

（七）上市

一般多于42～49日龄适期上市，此时肉鹌鹑活重已达200.0～240.0g，蛋用型仔公鹌鹑达130.0g。捕捉与装笼、运输时应注意安全。

（八）屠宰率测定

屠宰率是肉用仔鹌鹑生产的重要目标。于每批肉鹌鹑群中抽样测定，可增加了解和有效地改进育肥技术。

其肉用性能测定见附录1的肉用性能测定部分。

（九）淘汰鹌鹑快速育肥技术

当公鹌鹑满5周龄时，即可确定是否留种，对于不留种的，便可淘汰育肥。当母鹌鹑产蛋1～1.5年，且产蛋率低于30%时，也要淘汰育肥。那么，如何才能加快育肥进度就很重要。

（1）放入育肥箱内饲养　育肥箱为多层重叠式，每层高10.0～12.0cm，以防公鹌鹑互相骑压。每只箱的面积为0.3m²，箱子的前后设有间隔为2.5cm左右的栅栏，以便鹌鹑伸头出来采食、饮水。箱的左、右两面和顶部装上纤维板。箱底为1cm×1cm网眼的铁丝网。

（2）保持光线较暗和安静的环境　对淘汰鹌鹑育肥，需在光线较暗和安静的室内进行，室内温度以18～25℃为宜。要严防任何骚扰。

（3）尽量限制运动　淘汰的公、母鹌鹑，要分开饲养，不可混养在同一育肥箱内。应适当增加饲养密度，每箱可饲养淘汰鹌鹑30～40

只。通过限制其运动减少饲料消耗。

（4）改善饲料品质　对淘汰鹌鹑的育肥饲料，应以玉米、麦麸、稻谷等含碳水化合物较多的饲料为主，可以占到日粮的75%～80%；蛋白质饲料可降低到18%；饲料中要加入0.5%的食盐，以刺激鹌鹑饮水；并要适当加喂青绿饲料。在育肥过程中，每昼夜可喂饲料4～6次，以喂饱为度，饮水要保证清洁并充足。

（5）适时上市出售　淘汰鹌鹑的育肥期，一般为2～3周，当每只体重达到120.0～140.0g，拿在手里有充实感，将其翅膀根部的羽毛吹起，可以看到肤色的颜色为白色或淡黄色时，即可上市出售。若超期饲养，会增加饲料消耗。

肉用鹌鹑生产技术规程见附录5。

? 思考与训练

1.简述提高鹌鹑肉品质的措施。

2.老李刚开始饲养肉用鹌鹑，请你告诉他在肉用鹌鹑的饲养管理中应注意的问题。

鹌鹑常见疾病的防控技术

单元提示

随着近年来特种养殖业的兴起，鹌鹑养殖业也迅速发展起来，但疾病对鹌鹑养殖业常常会造成很大危害，制约着鹌鹑养殖业的发展。鹌鹑个体小，饲养密度高，生长期短，一旦发生疾病，死亡率高，损失较大。因此，鹌鹑疾病防控必须做到预防为主、治疗为辅、防重于治。目前，鹌鹑疾病防控的理念也发生了如下变化：①鹌鹑疾病防控指导思想由疾病诊断到防重于治再到养防结合的综合防控措施转变成区域化管理；②防控目的从保障鹌鹑健康到保障鹌鹑健康兼顾动物食品安全以及人畜共患病、环境安全等兽医公共安全和绿色健康养殖的转变；③兽医诊断从单纯经验判断向结合实验室检测、诊断和检测标准的转变。随着我国鹌鹑养殖模式、养殖结构的变化，鹌鹑流行病特点以及防控理念不断变化，兽医发生转变升级，即治疗兽医—预防兽医—保健兽医—管理兽医的转变。国家现在比较重视疾病防控，疾病诊断试剂趋于向标准化和产业化推进，大数据与人工智能技术也开始应用于鹌鹑疾病诊断防控中。本单元结合防控理念主要从防控鹌鹑常见传染病、寄生虫病、普通病、营养代谢病和中毒病几方面进行分任务阐述。

学习任务一　鹌鹑常见传染病防控

────── 任务描述 ──────

　　传染病是降低鹌鹑成活率的重要因素之一，直接影响鹌鹑养殖场的发展和经济效益的提高，严重制约着鹌鹑行业的健康持续发展。为了减少鹌鹑传染病的发生，需要掌握鹌鹑常见传染病的流行特点、临床症状、病理变化、实验室诊断和综合防制措施等知识。随着诊断技术的进步，快速检测方法、实时荧光定量检测方法以及鉴别检测方法等实验室诊断方法越来越多地得到应用，鹌鹑疾病诊断方法趋于标准化，这些标准已成为指导实验室诊断的重要依据。在检测诊断基础上，做好免疫接种工作，是减少传染病发生的关键。发生疾病时，综合分析各种资料，最后确诊，采取综合防制措施，才能将损失降到最低。

一、新城疫

　　新城疫又称亚洲鸡瘟或伪鸡瘟，是由副黏病毒科新城疫病毒引起的一种急性、热性、败血性、高度接触性传染病，鹌鹑对此病毒的感受性比鸡差，多在鸡新城疫流行后期发生于鹌鹑。传染源主要是患病鸡和患病鹌鹑，通过呼吸道或消化道传染。该病传播快，主要特征是呼吸困难、下痢、神经紊乱、黏膜和浆膜出血，死亡率高，是我国目前对鹌鹑养殖业危害最严重的一种疾病。

【流行特点】

　　鸡、火鸡、珠鸡、鹌鹑及野鸡对本病均有易感性，鸡的易感性最高，但近几年鹌鹑发病率也很高，常给生产造成很大的经济损失。本病一年四季均可发生，但以深秋、冬季和早春等寒冷季节多发。病鹌鹑的唾液、粪便等均含有大量病毒，通过饲料、饮水和用具传染健康鹌鹑。病鹌鹑在咳嗽或打喷嚏时，也可通过空气传播病毒。不同日龄的鹌鹑均可发病，以40～70日龄青年鹌鹑发病较多，7月龄以上发病率较低。死亡率在初产蛋前为50%，而在初产蛋后降低为10%以下，但病程较长，产蛋量明显减少。

【临床症状】

1.最急性型

发病迅速，一般不显示临床症状，突然死亡。

2.急性型

一般较鸡的症状轻，病初体温升高，精神不振，食欲减少或废绝，但喜饮，两翅下垂，嗉囊内积有液体内容物或气体，倒提时从口腔内流出大量酸臭的暗灰色液体，行走迟缓，离群呆立，闭目缩颈，翅尾下垂；呼吸困难，常发出喘鸣声；排黄白或黄绿色稀便且有时含有血液；产蛋鹌鹑产蛋量下降，软壳蛋、白壳蛋增多，病程长的出现腿麻痹、共济失调等神经症状。一般2～3天死亡。

成年鹌鹑出现扭头、歪颈、转圈、瘫痪、观星、张口伸颈等神经症状，也有低头和犬坐姿势。有时会出现不明症状的突然死亡，死亡率高，但成活的鹌鹑大群精神状态不错。雏鹌鹑头向后背，或偏瘫，呼吸声音异常。一般2～6天死亡，慢性的可存活10～30天，也有的个体能存活更长时间。

3.慢性型

发病后期多见，神经症状明显，呈兴奋、麻痹及痉挛状态，动作失调，步态不稳，头颈歪斜，时而抽搐，常出现不随意运动；羽翼下垂，体况消瘦，时有腹泻，最后死亡。

最近几年其流行症状呈现非典型症状，表现精神萎靡不振，采食量和产蛋率均出现较大幅度下降，有零星的死亡现象。粪便颜色呈现浅绿色、偏稀，有轻微的呼吸道症状，尤其在晚上更加明显。其他的如神经症状在慢性病例中可以出现。

【病理变化】

1.最急性型

尸体变化轻微，仅在胸骨内面及心外膜有出血点或者可能完全没有变化。

2.急性型

主要病变为喉头、气管内有透明分泌物，气管环充血，肺淤血；心冠脂肪有针尖大的出血点，肾脏淤血、肿大，盲肠扁桃体出血，肠扁桃体出血。自然发病的鹌鹑主要是在卵泡上有出血点，卵坠入腹腔，小肠有卡他性炎症，十二指肠黏膜点状出血，小肠有斑状和枣核样坏死灶，直肠有条纹状出血。人工接种发病后剖检，腺胃、肠道及卵巢有明显的出血点，尤其是食道与腺胃接头处的黏膜上有针尖状的出血点或瘀痕，腺胃乳头及黏膜出血，挤压有脓性分泌物，严重的形成溃疡；肌胃角质膜下黏膜出血。这些均具有诊断意义。

【诊断】

根据流行特点、临床症状和剖检变化可作出初步诊断，确诊需进行新城疫红细胞凝集抑制试验等血清学试验和病原分离鉴定。

新城疫诊断技术见附录6。

【综合防治】

1.加强饲养管理，严禁鹌鹑舍内混养其他家禽或不同日龄的鹌鹑

饮水中加入多种维生素以提高抵抗力，减少应激反应，经常保持鹌鹑舍及运动场的清洁卫生，坚持定时消毒，淘汰已经发病、体弱的鹌鹑。

2.鹌鹑群免疫预防程序及注意事项

预防本病最好的方法就是按照防疫程序进行预防接种，并搞好环境控制和饲养管理。

河北中禽鹌鹑良种繁育有限公司推荐的免疫程序是：第一次免疫在15日龄，用南京新城疫Ⅳ系疫苗饮水免疫，1000只鹌鹑用2000羽份的量。开产后每1个月饮水免疫一次，用量为1000只鹌鹑用3000～4000羽份量。饮水免疫前先用清水清洗饮水用具，注意饮水用具不得有消毒药物残留，不得使用金属容器。免疫前夏天停水3h、冬天停水5h，最好让鹌鹑在2h内饮完。水中可加入脱脂奶粉或疫苗保护剂，以增强疫苗的免疫效果。饮苗前5天和后5天禁止用消毒药和抗病毒药，以免影响免疫效果。第二次免疫在20日龄，用鹌鹑专用新城疫油乳剂灭活疫苗皮下注射（图5-1），每只鹌鹑0.25～0.3mL，注射后3天再上大笼。此种方法对普通型新城疫和神经型新城疫都有很好的预防效果，并且免疫期长，是目前最为理想的免疫方法。

免疫前后3天供给鹌鹑营养平衡的饲料，注意氨基酸和维生素等的平衡，使大群保持较强的抗病力。

图5-1　新城疫免疫

3.发病鹌鹑群的紧急预防措施

（1）紧急接种疫苗。用南京新城疫Ⅳ系弱毒疫苗或新城疫克隆-30

疫苗4倍量饮水，结合白介素和中草药健胃开食，清热解毒效果更好。或用干扰素和禽用白介素一起治疗。也可以使用新城疫核酸制剂，进行饮水接种。

（2）可用抗新城疫高免血清肌内注射，每只0.5～1mL；也可用抗新城疫高免蛋黄，每只1mL，也有很好的治疗效果。用抗新城疫高免血清和高免蛋黄治愈的鹌鹑，第7天用新城疫Ⅳ系疫苗饮水或滴鼻、点眼。另外一种有效的方法是用Lasota苗紧急预防接种。

（3）本病无特效治疗药物。一般可使用特异性抗体进行注射，同时对发病鹌鹑群投服多种维生素和适当的抗生素，如用泰诺等进行对症治疗，控制细菌感染，增加抵抗力，减少死亡率，使用中草药制剂可以促进产蛋恢复。如发现鹌鹑舍或周围成年鹌鹑发生新城疫，可用新城疫Ⅰ系疫苗进行紧急预防注射。将疫苗稀释1000倍，每只鹌鹑肌内注射0.3mL，3天后即可产生免疫力。发现病鹌鹑隔离淘汰；病死鹌鹑严格无害化处理；病鹌鹑舍及用具必须彻底消毒。

二、禽流感

禽流感是禽流行性感冒的简称，被国际兽疫局定为A类传染病，又称欧洲鸡瘟或真性鸡瘟，是由A型流感病毒引起的一种鸡、火鸡以及多种家禽和野鸟的急性、高度致死性传染病。

按病原体的类型，禽流感可分为高致病性、低致病性和非致病性三大类。非致病性禽流感不会引起明显症状，仅使染病的禽鸟体内产生病毒抗体。低致病性禽流感可使禽类出现轻度呼吸道症状，食量减少、产蛋量下降，出现零星死亡。高致病性禽流感最为严重，出现严重急性全身性败血症等多种表现，发病率和死亡率高，感染的鸡群常常"全军覆没"。

【流行特点】

不同日龄、不同品种、不同性别的鹌鹑均可感染发病。野禽中储存的流感病毒或病（死）禽的分泌物和排泄物是主要的传染来源，被污染的水源可能长期存有流感病毒。该病可通过与病（死）禽、带毒禽分泌物、粪便或被病毒污染的饲料、饮水、蛋托（箱）、垫料等接触而传染；还可通过带毒种蛋、胚和精液等垂直传播；吸血昆虫也可传播该病。本病多发于冬季和早春，其他季节也有发生。

【临床症状】

患病鹌鹑的临床症状与感染的流感病毒的毒力、感染鹌鹑的品种及日龄、有无并发或继发感染、应激、鹌鹑群的饲养管理水平以及营养状况等有关。临床上将其分为急性败血型、急性呼吸道型和非典型三类。

1.急性败血型鹌鹑流感

由 H_5N_1、H_7N_7 亚型高致病性流感病毒引起。最急性病例往往无先兆症状而突然死亡。急性病例潜伏期短，多为突然发病，采食量和饮水量急剧下降，发病率、病死率几乎为100%；蛋鹌鹑发病时，产蛋率急剧下降，甚至停产。病程稍长时，病鹌鹑体温明显升高，达43℃以上，精神极度沉郁、昏睡，张口喘气，流泪流涕，鹌鹑冠、肉垂和眼睑水肿，冠髯发绀、出血，头颈部肿大。部分病例出现共济失调、震颤、偏头、扭颈等神经症状。

2.急性呼吸道型鹌鹑流感

主要表现为流泪流涕、呼吸急促、咳嗽、打喷嚏，鼻窦肿胀，下痢，部分发生死亡。

3.非典型鹌鹑流感

由中等毒力以下禽流感病毒引起。感染鹌鹑除潜伏期长，发病较缓和，病程稍长，发病率及病死率相对较低，精神及食欲较差、消瘦、产蛋率下降等表现外，主要是出现明显的呼吸道症状，一般表现为流泪、咳嗽、喘气、啰音、打喷嚏、伸颈张口、鼻窦肿胀、下痢等，产蛋率大幅度下降（下降幅度为50%～80%），并发生零星死亡。

患鹌鹑 H_9 亚型禽流感的病鹌鹑精神萎靡、羽毛松乱，部分病鹌鹑眼、鼻有分泌物，泄殖腔四周有粪便污染，严重者站立不稳，卧于笼侧，并见到头颈"S"状弯曲、两腿劈叉状的典型神经症状，有较多灰白色稀粪。

【病理变化】

1.急性败血型鹌鹑流感

主要表现眼角膜浑浊，眼结膜出血、溃疡；翅膀、嗉囊部皮肤表面有红黑色斑块状出血；脚趾鳞片出现红褐色出血斑块、水肿；皮下水肿（尤其是头颈、胸部皮下）或呈冻胶样浸润；肺脏出血水肿，气管内有少量黏液，肺充血，呼吸道黏膜充血、出血；肝脏轻微肿大，脾脏肿大、充血；胰脏出血、变性、坏死，表面有少量白色或淡黄色坏死点；肾脏严重肿大、充血。从口腔至泄殖腔整个消化道黏膜出血、溃疡或有灰白色斑点、坏死性伪膜，其他组织器官亦有出血；蛋鹌鹑或种鹌鹑有卵泡充血、出血、萎缩等现象，输卵管内可见乳白色分泌物或凝块，有的可见因卵泡破裂引起的卵黄性腹膜炎。并常见有明显的纤维素性腹膜炎、气囊炎等。有的病鹌鹑心冠脂肪、心肌出血或坏死，心肌有灰白色坏死性条纹。

2.急性呼吸道型鹌鹑流感

主要病理变化为喉头气管出血，鼻窦积聚分泌物，眼结膜水肿出血，有时亦见类似急性败血型病理变化。

3.非典型鹌鹑流感

大体病理变化为鼻窦、气管、气囊、肠道有一些渗出性炎症，有时见气囊有纤维素性渗出，囊壁增厚，母鹌鹑发生卵黄性腹膜炎，输卵管内有炎症渗出物。

【诊断】

根据该病的特征性临床症状和剖检病变，结合流行病学特点，一般较易做出初步诊断。确诊需要进行病毒的分离鉴定、血清学或分子生物学检测。在临诊中，该病常与新城疫、传染性支气管炎、传染性喉气管炎、慢性呼吸道疾病等病有某些相似的表现，可根据各自的临床特点及实验室检测结果加以区别。

高致病性禽流感诊断技术见附录7。

【综合防治】

对于高致病性鹌鹑流感，应采取"扑杀为主，免疫为辅"的综合性防治措施；在没有发生过高致病性鹌鹑流感的地区或曾发生但已扑杀的地区，应加强动物防疫工作，定期检测鹌鹑群，以防疫情传入。该地区不应使用H_5或H_7以及其他高致病性亚型的流感疫苗；一旦发生高致病性鹌鹑流感，应及时上报有关主管部门，并迅速采取封锁、扑杀、无害化处理及严格消毒等措施；疫区或受威胁区要免疫接种经农业农村部批准使用的禽流感疫苗，于5～10日龄首免，皮下注射0.2mL，25日龄二免，皮下注射0.3～0.5mL。

本病无特效疗法，仅能以消毒、隔离、大量宰杀鹌鹑的方法防止其蔓延。高致病性禽流感暴发的地区，往往蒙受巨大经济损失。对于低致病性鹌鹑流感，应采取"免疫为主，消毒、改善饲养管理和防止继发感染为辅"的综合措施。发病时可使用干扰素3倍量，连用两天，同时使用金刚烷胺+黄芪多糖+头孢菌素或氟苯尼考或氧氟沙星+解热药饮水，荆防败毒散拌料，对该病有一定的治疗作用。

三、马立克病

马立克病是马立克病毒引起的一种慢性、消耗性、以肿瘤为特征的危害性很大的传染病。该病毒通过羽毛传播，也可通过接触传染和饲料传播。鹌鹑养殖场一旦发生此病，很难根除。

【流行特点】

病原为Ⅱ型疱疹病毒。该病毒对热的抵抗力弱，在37℃存活18h、

60℃10min死亡。通常病毒存在于羽毛囊及皮屑中，脱落后污染环境。病毒在笼及尘土中，常温下能生存4周；在粪便、垫草中，生存16周以上。病鹌鹑及其脱落的羽毛、皮屑是主要传染源。与病鹌鹑接触，采食了污染的饲料、饮水，吸入粉尘、羽毛屑均能感染。未消毒的种蛋表面也可能带毒而通过孵化传播。本病无明显的季节性，但以夏秋季节多发。一般发生在8周龄后的鹌鹑，呈水平性传染，局限性流行。3周龄以上的鹌鹑最易感染，成鹌鹑发病较少，患病鹌鹑可终身带毒。

【临床症状】

病鹌鹑呆立、缩头、闭眼，食欲不振，喜卧，日渐消瘦，特别是胸肌消耗得只剩皮包骨头，瘫痪、劈叉，皮肤毛囊肿瘤，拉黄绿色粪便，连续不断地零星死亡。病毒侵害神经时，表现一肢或两肢腿麻痹，翅下垂，运动失调；侵害内脏时，肝、脾、肾等、脏器形成大小不等、突出表面的圆形灰白色肿瘤；侵害眼睛时，瞳孔缩小，呈灰绿色甚至失明。病鹌鹑严重者衰竭死亡，轻者影响生长发育和产蛋。内脏型剖检症状明显；神经型一侧坐骨神经或翅神经粗大。

【病理变化】

肌肉、内脏、皮肤广泛性肿瘤。肝、脾肿大，表面有大小不等的白色肿瘤。心脏肌肉有大小不等的白色肿瘤。肾脏肿大，严重者全部呈肿瘤。卵巢似菜花样肿瘤。肠道、肠系膜、胰、腺胃、肌胃等肿瘤病变明显，手摸变硬，肠道有时有菜花样肿瘤形成梗阻。坐骨神经水肿出血。

【诊断】

根据流行病学、症状和病理变化可做出初步诊断。必要时进行血清学诊断或病毒分离。对无症状鹌鹑群可采用琼脂扩散试验诊断。注意与淋巴白血病及网状内皮细胞增殖病病毒引起的细胞类肿瘤进行区别诊断。

【综合防治】

加强环境卫生与消毒工作，尤其是孵化卫生与育雏鹌鹑舍的消毒，防止雏鹌鹑的早期感染。加强饲养管理，改善鹌鹑舍环境条件，增强鹌鹑的抵抗力，对预防本病有很大的作用。坚持自繁自养，防止因购入鹌鹑苗的同时将病毒带入鹌鹑舍。采用全进全出的饲养制度，防止不同日龄的鹌鹑混养于同一鹌鹑舍。防止应激因素和预防能引起免疫抑制的疾病如鹌鹑传染性法氏囊病、鹌鹑传染性贫血病毒病、网状内皮组织增殖病等的感染。

为了预防本病，可采取免疫接种。幼鹌鹑出壳后24h内注射马立克病液氮苗CV-1988，每只雏鹌鹑皮下注射0.2mL。注射马立克疫苗对鹌鹑有较高的保护率，但不能保护100%的鹌鹑不发病。

幼鹌鹑对本病易感，出壳后即使接种了马立克疫苗，20日龄以内如果有马立克病的野毒感染则发病率仍很高。因此加强育雏前、育雏期的消毒和隔离非常重要，这也是预防本病发生的关键所在。

及时发现病鹌鹑或用琼脂扩散试验呈阳性者，立即淘汰。定期检疫，净化疫场。对种蛋、孵化器、出雏盘要进行严格的熏蒸消毒；减少育雏密度，及时清除羽毛、皮屑、粪便等污物，并彻底焚烧或消毒。

本病无特效治疗方法，目前可试用抗病毒药物及中药进行治疗。

四、传染性支气管炎

鹌鹑传染性支气管炎是由鹌鹑传染性支气管炎病毒（QBV）引起的鹌鹑的一种急性、高度接触性呼吸道传染病。其临诊特征是流泪、打喷嚏、咳嗽、鼻窦发炎、呼吸困难、发出啰音、张口呼吸，蔓延迅速、死亡率高。产蛋鹌鹑感染通常表现产蛋率降低，蛋的品质下降。本病广泛流行于世界各地，是鹌鹑养殖业的重要疫病。

【流行特点】

该病通过接触及空气传播，常发生在雏鹌鹑阶段，8周龄以内鹌鹑易感染，1月龄以内最易感，常突然发病，传播速度快，发病率达100%，病死率可超过50%。成年后产蛋量会降低30%左右。

【临床症状】

自然感染情况下，潜伏期4～7天。4周龄以下的鹌鹑特征性症状为咳嗽、打喷嚏，有支气管啰音。病鹌鹑精神委顿，张口伸颈，呼吸困难，结膜发炎，流泪，但通常不流鼻涕；鼻窦发炎，甩头；打喷嚏，咳嗽，呼吸急迫，气管啰音；常聚集在一起，群居一角；时而出现神经症状。成鹌鹑产蛋量下降，生畸形卵。个别鹌鹑突然甩翅挣扎死亡。病程1～3周，发病率可达100%。传播的速度和疾病的严重程度，在成年和老年鹌鹑中显著降低。

【病理变化】

气管和支气管有病变，内有大量黏液；气囊浑浊，呈云雾状不透明，有时有黏性渗出物；眼结膜发炎，角膜浑浊呈云雾状。鼻窦和眶上窦充血，鼻窦发炎，有脓性分泌物。肝有时发生坏死病变；腹膜发炎，腹腔有脓性渗出物。成年鹌鹑剖检可见气管下1/3处有出血，鸣管、支气管出血，内有分泌物。卵巢发育正常，输卵管囊肿或发育不良，无产蛋能力。有少数青年鹌鹑感染本病不出现临床症状或肉眼病变。

【诊断】

根据在幼鹌鹑中突然出现打喷嚏、咳嗽，听诊有水泡音，迅速扩散全群，并出现死亡群，剖检见支气管和气囊中有大量的黏液，母鹌鹑产蛋率显著下降和产畸形蛋、有卵黄性腹膜炎等可做出初步诊断。确诊需进行实验室诊断，如病毒分离、间接血凝试验、荧光抗体试验等。

注意与曲霉菌病的区别诊断。曲霉菌病在鹌鹑肺中有干酪样结节，有淡灰色或浅绿色孢子积集的袋状气囊沉淀物存在，而传染性支气管炎没有。

【综合防治】

预防本病应考虑减少诱发因素，提高鹌鹑的免疫力；引进无传染性支气管炎疫情鹌鹑场的鹌鹑苗；搞好雏鹌鹑饲养管理，鹌鹑舍注意通风换气，防止过于拥挤，注意保温，适当补充雏鹌鹑日粮中的维生素和矿物质。平时要加强管理，适当提高育雏室及鹌鹑舍的温度，改善通风条件，保持合理的饲养密度，可减少死亡。

加强防疫工作，主要是接种疫苗。严防带毒者与鹌鹑接触。鹌鹑舍加强消毒。发病期间停止孵化，病鹌鹑不可作种用，发病群的种鹌鹑要淘汰。接种新城疫疫苗时，同时接种传染性支气管炎疫苗。7日龄接种H_{120}疫苗；$28 \sim 30$日龄接种H_{120}疫苗，同时用新城疫和传染性支气管炎油苗肌内注射，每只0.5mL。

目前尚无有效疫苗预防，也无特效药物治疗。发现病鹌鹑应立即隔离，以切断病原传播，治疗可用泰乐菌素，用量按5/10000掺入饲料中喂服，连服10天后停药5天，再连用药5天。也可添加0.04% ~ 0.08%土霉素在饲料中连用5天，再用泰乐菌素5天，这样交替使用疗效较好。病鹌鹑可使用抗生素防止继发感染，患病期间在饲料与饮水中添加恩诺沙星或环丙沙星等。可试用干扰素配合抗病毒中草药、广谱抗菌药物以及多种维生素治疗。使用中药时，辅以青霉素5000 IU/只和链霉素3000 IU/只饮水，每天2次，或者用红霉素、强力霉素、高力米先饮水，以防继发感染。

五、鹌鹑痘

鹌鹑痘病是由鹌鹑痘病毒引起的鹌鹑的一种急性、接触性传染病。本病常经眼、喉、上呼吸道和口腔黏膜或被吸血性昆虫叮咬而感染。该病病毒与其他家禽痘病毒不同，主要发生在青年鹌鹑，通过蚊子、皮肤或黏膜伤口感染。鹌鹑密度过大，过分拥挤，以及争斗等造成的创伤，蚊子叮咬病鹌鹑后再去叮咬健康鹌鹑，均可导致本病传播。昼夜温差大的秋季和初春季节，易发生地方性流行。

【临床症状与病理变化】

10日龄鹌鹑痘与鸡痘相似，可分为皮肤型、白喉型和混合型鹌鹑痘三种。

1.皮肤型

皮肤型是最常见的病型。主要是在鹌鹑眼睑、脸和翅下等无毛或少毛处形成特异性结节，特别是头部眼皮等处，常突出于皮肤，后由白色变成黄色形成结痂，发炎出血，经2～3周上皮层退化脱落，结痂部位留有疤痕，眼睑内充满干酪样渗出物。病鹌鹑体温升高，影响采食量和产蛋率。

2.白喉型

白喉型又称黏膜型，在口腔、食道或气管黏膜表层出现急性炎症，并形成白色不透明的纤维性坏死性痂膜，拔去痂膜，可见到出血糜烂性炎症。若痂膜增大形成黄色干酪样物堵塞喉头，可引起呼吸困难和窒息死亡。痂膜堵塞食道，影响采食，病程长可引起死亡和产蛋率下降。

3.混合型

在同一鹌鹑群中有的是全身皮肤的毛囊出现痘疹，有的是喉头出现黏膜性痘痂，也有的鹌鹑是两种都有，发病率低，但护理不当死亡率较高。

【诊断】

本病的皮肤型和混合型可根据症状作出诊断，但对单纯的黏膜型诊断较为困难。

【综合防治】

1.预防

目前没有鹌鹑痘疫苗，主要是加强饲养管理和消毒，发现病鹌鹑应立即淘汰、深埋或焚烧。

2.治疗

本病可采用对症治疗，以减轻症状，防止继发感染。局部可剥除痂皮，涂擦紫药水或碘酊。当发现一只鹌鹑有痘时，马上投喂病毒唑或盐酸吗啉胍，配合抗生素拌料，连用 5 ～ 7 天。

也可在饲料中添加病毒灵，每千克饲料4片，连用3 ～ 5天；或用0.2%的甲紫水溶液饮水3 ～ 5天。此外，饲料中添加克痘灵等中草药也有一定的疗效。

六、禽霍乱

禽霍乱又名禽巴氏杆菌病、禽出血性败血症，是由多杀性巴氏杆菌引起的多种家禽的一种急性、接触性传染病的总称。其主要特征是发病急，流行快，体温高，腹泻剧烈，粪呈黄绿色，死亡率。病原菌一般通过气管或上呼吸道黏膜侵入组织，也可通过眼结膜或表皮伤口感染。鹌鹑的粪便、鼻分泌物、死鹌鹑、带菌鹌鹑及污染的饲料和饮水均能传播本病。康复的鹌鹑仍带菌，高温潮湿季节易流行，6周以上的鹌鹑易发病，死亡率高达75%。

【临床症状】

自然感染的潜伏期一般为1 ～ 2天，由于鹌鹑的抵抗力和病菌的致病力强弱不同，所表现的病状亦有差异。一般分为最急性、急性和慢性三种病型。

1.最急性型

基本不显示症状，最快可在几小时内死亡，通常经2 ～ 3天出现败血症而死亡。

2.急性型

此型最为常见，表现为精神不振，羽毛蓬松，翅膀下垂，不食，体温升高，频频饮水，不爱动，冠髯黑紫，鼻分泌物增多，呼吸困难，发出"咯咯"声。鹌鹑频频排出稀粪，粪便黄色或绿色、沾染在肛门周围羽毛上，产蛋停止。

3. 慢性型

精神委顿，体况消瘦，冠髯苍白，或水肿变硬，鼻窦肿大，鼻分泌物增多、有臭味，持续性腹泻，关节发炎、肿大，跛行，病程较长，一般 15 ～ 35 天。

【病理变化】

1. 最急性型

死亡的病鹌鹑无特殊病变，有时只能看见心外膜有少许出血点。

2. 急性型

病变有较为明显的特征：病鹌鹑的腹膜、皮下组织及腹部脂肪常见小点出血；心包变厚，心包内积有多量不透明淡黄色液体，心外膜、心冠脂肪出血尤为明显；肺脏有充血或出血点；肝脏的病变具有特征性，肝稍肿，质变脆，呈棕色或黄棕色，肝表面散布有许多灰白色、针头大的坏死点；肺充血并有出血点。肠道尤其是十二指肠呈卡他性和出血性肠炎，肠内容物含有血液。

3. 慢性型

因侵害的器官不同而有差异。当以呼吸道症状为主时，见到鼻腔和鼻窦内有多量黏性分泌物。肺炎病变明显，肝有灰黄色干酪样病灶，心包水肿，雌鹌鹑卵巢充血、出血，雄鹌鹑肉髯肿大，关节有炎性干酪样分泌物。

【诊断】

1. 现场诊断

根据病鹌鹑发病急、死亡快、剧烈下痢，拉黄白色或灰白色稀粪，呼吸困难，全身浆膜尤其是心外膜和冠状脂肪有出血点，十二指肠严重出血，肝脏有灰白色坏死点，可作出初步诊断。

2.确诊

需进行实验室镜检、细菌培养、动物接种试验、生化试验等。注意与新城疫进行鉴别诊断。

【综合防治】

1.预防

加强鹌鹑群的饲养管理，平时严格执行鹌鹑场兽医卫生防疫措施，以栋舍为单位采取全进全出的饲养制度。消除发病诱因，鹌鹑舍要做到通风良好，在夏季炎热天气要做好防暑降温工作。发现病鹌鹑应淘汰，以免病原扩散，鹌鹑不能与其他禽类混养。

2.治疗

鹌鹑群发病应立即采取治疗措施，有条件的地方应通过药敏试验选择有效药物全群给药。磺胺类药物、土霉素、环丙沙星、恩诺沙星均有较好的疗效。可用土霉素0.05% ～ 0.10%拌料喂服，连用5天。肌内注射链霉素5000 ～ 10000IU，每日2次，有一定效果。

七、鹌鹑白痢

鹌鹑白痢是由沙门杆菌引起的鹌鹑的一种传染性疾病，对幼鹌鹑危害很大，死亡率高。该病可垂直传播，也可以水平传播。雏鹌鹑通常表现为急性、全身性感染，成年鹌鹑常表现为局部或慢性感染。本病世界各地均有发生，是危害养鹌鹑业最严重的疾病之一。

【临床症状】

蛋内感染雏常死于壳内或出壳即死。病雏精神不振，食欲废绝，畏寒颤抖，羽毛松乱，翅膀下垂，离群呆立，发出连续不断的轻声鸣叫。病程长的消瘦，手摸似枯柴棒。下痢，粪呈乳白色，粪便糊肛，肛门周围糊有白色黏稠样粪便，排粪困难。成鹌鹑基本不显示症状，但有时也表现精神不佳、食欲减少、体热喜饮、缩头垂翼、肉冠发绀、粪便呈泥土状、产卵减少等症状。副伤寒的症状与白痢基本相同，但肝脏肿大出血。

【病理变化】

病雏肝脏肿大，色如土黄，表面有针尖大小的白色坏死小点；脾肿大，质变脆；肺呈现褐色肝样肺炎；心外膜有白色隆起；肌胃、肠管的浆膜也有白色隆起，盲肠黏膜增厚，小肠和十二指肠壁出血严重。小肠、盲肠上有灰白色坏死灶，肠内有豆腐渣样粪便，并混有血液；泄殖腔内有白色恶臭稀粪。心包和心外膜发炎浑浊，心包液浑浊、量增加；腹膜浑浊并有干酪样物附着；关节充血肿胀，内有奶油样物质。

成鹌鹑主要病变在生殖系统，卵巢异常，卵泡萎缩、变形，呈现绿褐色、油状或干酪样变化，输卵管发炎，睾丸萎缩变硬；心包增厚，心包液增多；腹膜发炎。

【诊断】

根据流行病学、临床症状及病理变化，可做出初步诊断。确诊需取肝脏坏死灶与白痢结节进行病理组织学检查，或取待检鹌鹑血与诊断抗原进行平板凝集试验。

【综合防治】

1.综合预防

（1）加强雏鹌鹑饲养管理，检疫净化鹌鹑群 通过血清学试验，检出并淘汰带菌种鹌鹑。加强育雏管理，育雏室经常保持清洁干燥，温度要维持恒定，雏鹌鹑群不能过分拥挤，饲料要配合适当，防止雏鹌鹑发生啄癖，饲槽和饮水器防止被鹌鹑粪污染。

（2）严格消毒制度 注意常规消毒，鹌鹑舍及一切用具要经常清洗消毒，搞好鹌鹑场的环境卫生。孵化器在应用前，要用甲醛气雾消毒，育雏室和一切育雏用具，要经常消毒，孵化种蛋在孵化前用甲醛气熏消毒。

（3）做好药物预防　在本病流行地区，育雏时可在饲料中添加0.005%氟哌酸进行预防，也可用生物制剂进行预防，常用的有促菌生、调痢生、乳酸菌等，在使用这些药物的同时及其前后4～5天应该禁用抗菌药物。

2.治疗

饮水中每天每只添加3000 IU链霉素，连用5～7天。同时，在饲料中添加0.1%氟苯尼考原粉，连喂5天。也可以在饮水中每天每只添加5000 IU的庆大霉素，连用5～7天。

许多药物如氟哌酸、复方新诺明、金霉素、普杀平、百病消、特效白痢净、恩诺沙星、盐酸环丙沙星、氧氟沙星等，对该病都有预防和治疗效果。磺胺嘧啶、磺胺二甲基嘧啶、喹诺酮类药物对本病都有较好疗效，止痢灵（促菌生）、土霉素、抗敌素、卡他霉素临床治疗也有效。应在药敏试验的基础上选择药物，并注意交替用药。

八、大肠杆菌病

鹌鹑大肠杆菌病是由大肠杆菌引起的鹌鹑的一类原发性或继发性传染病，包括急性败血症、脐炎、气囊炎、肝周炎、肠炎、关节炎、肉芽肿和卵黄性腹膜炎等多种疾病，对鹌鹑养殖业危害较大。

【流行特点】

大肠杆菌在自然环境中，如饲料、饮水、鹌鹑的体表、孵化场、孵化器等各处普遍存在，已经构成了对养鹌鹑全过程的威胁。该病是一种条件性疾病，改善环境是预防该病发生的有效措施之一。

大肠杆菌主要通过消化道、呼吸道、脐部和皮肤创口感染，各种年龄的鹌鹑均可感染，但以幼鹌鹑和6月龄后鹌鹑发病率较高。饲养密度过大、笼舍消毒不彻底等是造成该病传播的主要因素，冬春季节气温变化大，气候骤变和夏季炎热都可引起本病发生。雏鹌鹑呈急性败血症经过，成年产蛋鹌鹑往往在开产阶段发生，死淘率增多，影响产蛋。本病一年四季均可发生，多雨、闷热、潮湿季节多发。

【临床症状】

鹌鹑大肠杆菌病没有特征的临床表现，与鹌鹑发病日龄、病程长短、受侵害的组织器官及部位以及有无继发或混合感染有很大的关系。

1.初生雏鹌鹑脐炎，俗称"大肚脐"

病雏精神沉郁，少食或不食，腹部大，脐孔及其周围皮肤发红、水肿。此种病雏多在一周内死亡。

2.育雏期发病

多是由于继发感染和混合感染所致，尤其是雏鹌鹑发生传染性法氏囊病后，或因饲养管理不当引起鹌鹑慢性呼吸道疾病时常有本病发生。病鹌鹑食欲下降、精神沉郁、羽毛松乱，主要表现为排水样稀便，同时兼有其他疾病的症状。

3.产蛋母鹌鹑患输卵管炎、腹膜炎

一般以原发感染为主，病鹌鹑临床表现有下痢、食欲下降等，产蛋量不高，产蛋高峰上不去，高峰维持时间短。母鹌鹑主要表现为慢性输卵管炎、腹膜炎，产蛋量下降，白壳蛋、褐壳蛋、软蛋增多，蛋壳变薄易碎，呈零星死亡，死亡鹌鹑腹部发青或呈现暗黑色。个别有神经症状，头向后仰，也有的眼睛有病变，鹌鹑群死淘率增加。

【病理变化】

初生雏鹌鹑发生脐炎，死后可见脐孔周围皮肤水肿，皮下瘀血、出血、水肿，水肿液呈淡黄色或黄红色。鹌鹑脐孔开张，新生雏可见到卵黄没有吸收或吸收不良；胸腔、腹腔有淡黄色纤维素性渗出物，恶臭，附着于脏器表面。患肝周炎时，肝脏肿大，有时见到散在的淡黄色坏死灶，肝包膜略有增厚，肝脏表面有纤维膜包裹，似凉皮样；严重的整个肝表面被此膜包裹，此膜剥脱后肝呈紫褐色，也可见心包积液或纤维素性心包炎，心脏表面有白色胶冻样附着物，心包增厚不透明，心包积有淡黄色液体；气囊炎也是常见的变化，胸、腹等气囊囊壁增厚呈灰黄色，囊腔内有数量不等的纤维素性渗出物或干酪样物如同蛋黄。肠道呈卡他性炎症，盲肠内可能有灰白色、白色或灰褐色硬性栓子。肠道黏膜有火山口样肉芽肿，有时肉芽肿呈现黄豆样大小不等的病变。有时有腹水（腹腔肿大如球状，若用针扎，会有黄色水样物流出，冬季尤为严重）。

产蛋鹌鹑常伴有卵巢变形、输卵管炎、腹膜炎，常发生蛋滞现象。发生输卵管炎的鹌鹑，黏膜充血，管腔内有不等量的干酪样物，严重时输卵管内积有较大块状物，输卵管壁变薄，块状物呈黄白色，切面轮层状，较干燥。有的腹腔内见有外观为灰白色的软壳蛋。较多的成年鹌鹑还见有肠系膜粘连，形成卵黄性腹膜炎，腹腔中见有蛋黄液广泛地布于肠道表面。

【临床诊断】

由于本病病型较多，多应用实验室病原检验方法，排除其他病原感染，经鉴定为致病性血清型大肠杆菌，方可认为是原发性大肠杆菌病；在其他原发性疾病中分离出大肠杆菌时，应视为继发性大肠杆菌病。

【综合防治】

1.综合预防

首先是平时加强饲养管理，改善鹌鹑舍的通风条件，保证舍内空气新鲜；认真落实鹌鹑场兽医卫生防疫措施；种鹌鹑场应加强种蛋收集、存放和整个孵化过程的卫生消毒管理；另外应搞好常见多发疾病的预防工作。

合理饲养，饲养密度适中。杜绝使用腐败变质和受霉菌、大肠杆菌污染的饲料。勤刷水槽及饮水器具，使用优质饲料，增强抗病力。每个月用一次远征禽菌灵，连用3天，对本病有很好的预防效果。

2. 治疗

鹌鹑群发病后可选用敏感药物进行及早防治。因大肠杆菌对药物极易产生耐药性，因此治疗本病时，有条件的地方应进行药敏试验，选择敏感药物，或选用本场过去少用的药物进行全群给药，可收到满意效果。供选药物有氧氟沙星、恩诺沙星、诺氟沙星、环丙沙星、盐酸林可霉素、氟苯尼考、阿莫西林、头孢拉定、头孢噻肟钠、庆大霉素、阿米卡星、硫酸黏菌素及磺胺类药物等，但应交替用药，以免细菌产生耐药性（注：依据2014年中鹌鹑公司对数千家养殖户的鹌鹑用药的临床诊断证明，头孢类药物属于第一敏感药物）。

可在65.0kg饮水中添加5%的恩诺沙星饮水剂100.0mL，连续饮用5天，或每天给予庆大霉素5000 IU/只，连续饮用5天，都可收到良好的治疗效果。

九、鹌鹑溃疡性肠炎

溃疡性肠炎是一种由产气荚膜梭菌引起的以肠道溃疡和肝脏坏死为特征的高度致死性传染病，呈地方性流行。临床上主要表现为下痢和坏死性肠炎。

【流行特点】

本病1907年首先在美国的鹌鹑中发生，故又称鹌鹑病。在自然情况下，鸡、火鸡、鸽、野鸡等均易感染发病。以4～12周龄的鹌鹑和鸡，3～8周龄的火鸡易发生本病。该病主要通过消化道感染，呈地方性流行。病鸡、病鹌鹑和带菌的鸡、鹌鹑为其传染源。苍蝇是本病的主要传播媒介。被污染的饲料、饮水和垫料，在被鹌鹑采食后，通过消化道感染。本病可单独发生，但多与球虫病并发或球虫病后继发，在饲养管理不良、条件恶劣的情况下，也可诱发，一般散发。

【临床症状】

急性病例常无明显症状而突然死亡，死亡的雏鹌鹑多发育良好、肌肉丰满。一般病鹌鹑精神委顿，食欲不振，身体蜷缩，嗉囊中充满食物，闭目呆立，羽毛被粪便污染、蓬乱并失去光泽，弓背缩颈，动作迟缓，腹部膨胀，饮水量增加，下痢、排水样白色稀粪，严重时排绿色或褐色稀粪，后期严重消瘦。慢性患病鹌鹑异常消瘦，胸肌明显萎缩，并于2～3天内几乎全群覆灭。病程一般为5～10天，病程1周以上时，鹌鹑体极度消瘦，胸部肌肉发生明显萎缩，死亡率高。雏鹌鹑死亡率高达100%，成鹌鹑为50%左右。

【病理变化】

急性病例肠道有明显的出血点，特别是十二指肠和小肠黏膜严重出血，小肠和盲肠有灰黄色坏死灶，早期病灶为小黄点，边缘呈环形出血溃疡，溃疡面积逐渐增大，出血环消失，呈圆形、椭圆形或弹坑状。严重病症者溃疡融合成大的坏死斑块，盲肠的溃疡有一中心凹陷，中间有黑色填充物。肝充血、出血和肿大，色淡，有大小不一的淡黄色斑点。肝脏可见淡黄色斑纹或不规则黄色坏死区，脾肿大、出血。肝脏的病灶最具有特征性：从一种淡黄色的斑纹至形成大小不一的黄色坏死区，有些肝脏病变则为散在性的灰色或黄色坏死灶。有些养殖户往往把肝脏的坏死和盲肠的溃疡误诊为盲肠肝炎。

慢性病例在小肠、盲肠的黏膜上形成不规则、芝麻至绿豆大的溃疡，溃疡边缘出血、凸起，溃疡面有一层黄色或黑色的坏死伪膜。较深的溃疡可引起肠壁穿孔，发生腹膜炎和肠粘连。脾充血、出血、肿胀。

【诊断】

根据流行特点、病理剖检一般可做出初步诊断，确诊需实验室检查出产气荚膜梭菌。但应考虑与球虫病、内科肠炎和中毒性肠炎等区别。

【综合防治】

1.综合预防措施

加强饲养管理，注意做好日常管理和清洁卫生工作，杜绝使用腐败霉变饲料。由于该病原菌带有荚膜，一般消毒药很难奏效，因此最好办法是隔离病鹌鹑，严格消毒，彻底消灭病原菌。此外，对发生过该病的鹌鹑舍和笼具采用火焰消毒的方法消毒效果更好。病鹌鹑及时隔离，彻底清除粪便和消毒，死鹌鹑应深埋或烧毁，鹌鹑舍和运动场应定期进行消毒。

将幼鹌鹑放在铁网上饲养，使其不接触粪便。成鹌鹑与幼鹌鹑分开饲养。饲料中增加营养，补充维生素C，使用量为每吨饲料中添加300g。每千克饲料中加入0.1～0.2g的杆菌肽锌，可作饲料添加剂。

2.药物治疗

可选用头孢类、链霉素、青霉素、氟苯尼考、盐酸小檗碱或环丙沙星饮水、拌料治疗。链霉素是治疗本病的首选药物。

用链霉素2g溶于4000mL水中，让其自由饮用，连用25天，可控制本病。也可每只成年鹌鹑每次肌内注射青霉素5000～10000IU，早晚各一次。或前3天饮用链霉素和青霉素2倍量，以后连续20天饮用链霉素和青霉素，效果良好，结合青、链霉素肌内注射，每只每次1万国际单位，早晚各1次，效果更好。

每只鹌鹑每次用磺胺脒0.1g，每天2次，首次量加倍，连用5天。每只鹌鹑每天用金霉素6mg，拌料，连用5～7天。或用四环素或金霉素按0.03%混入料中喂饲，连用7天。也可用杆菌肽锌0.01%拌料。

十、鹌鹑支原体病

鹌鹑支原体病（鹌鹑霉形体病）是由鹌鹑败血支原体引起的一种

传染病，俗称慢性呼吸道病，对养鹌鹑业危害严重。其特征是呼吸道及邻近窦膜发炎肿胀。临床上主要表现为喘鸣音、咳嗽、鼻漏及气囊炎等。该病是养鹌鹑业中的常见病和多发病。

【流行特点】

鸡和火鸡是该病的主要宿主，其他禽类如野鸡、鹌鹑、鸭和鹅等也可感染。带菌鹌鹑是主要传染源。本病主要通过污染的饲料、饮水或病鹌鹑呼吸道排泄物等直接接触传播，带菌种蛋的垂直传播也是重要的途径。不良的环境因素、鹌鹑舍潮湿拥挤、饲料营养不足、饲养密度大、气候突变以及新城疫疫苗气雾免疫的刺激等均可促使本病发生和流行。该病一年四季均可发生，但以气候多变和寒冷季节时发生较多。

【临床症状】

鹌鹑感染败血支原体时，呼吸声音异常是典型症状。发病后传播速度快，很短时间内蔓延到全群。病鹌鹑表现出食量减少，羽毛松乱，生长发育迟缓；鼻腔内充满液体，眼睑肿胀，眼睛流泪，严重的双眼紧闭；时有咳嗽、喷嚏和喘鸣音，呼吸困难，喉中有"咕噜咕噜"的声音，最后眼球突出，引起一侧或两侧眼睛发炎，甚至失明和死亡。本病发病率高，死亡率不高，但严重影响生长发育。

【病理变化】

呼吸道黏膜增厚，鼻腔、气管中有黏液性渗出物，眼睑、鼻窦内有豆腐渣样物，胸部、腹部和气囊中有大量灰色、黄色豆腐渣样物质。本病多发生于青年鹌鹑和成鹌鹑，与支气管炎的区别是支气管炎的气囊膜呈云雾状。

【诊断】

根据流行病学、临床症状及病理变化，可做出初步诊断，确诊需进行病原分离鉴定或血清学检查。

【防治措施】

1.加强鹌鹑场的管理，注意环境卫生

保持舍内空气新鲜，加强通风换气，减少饲养密度和应激因素是预防本病的关键。冬季寒冷季节应防止贼风和温度忽高忽低对鹌鹑的侵袭。该病可以在40日龄用败血性支原体疫苗预防。该病如得不到有效控制和净化，商品蛋鹌鹑产蛋率会受到很大影响。环境变化、应激可诱发该病反复发生。种鹌鹑还可以通过种蛋将该病传给后代，影响后代的成活率和产蛋性能。

2.治疗

临床治疗慢性呼吸道病的药物有泰乐菌素、高力米先、北里霉素、强力霉素、氟甲砜霉素、支原净、链霉素、盐酸环丙沙星、恩诺沙星、强力米先等。该病经常混合其他病菌感染，最好选择抗菌谱广的药物。

替米考星是一种较新的大环内酯类药，对家禽支原体具有较强的抗菌活性，已被用于治疗家禽支原体病并取得较好的效果，并且与泰乐菌素的疗效相近。也可每日每只病鹌鹑注射链霉素20000IU，分两次注射，连续2～3天。口服四环素、土霉素每天每只0.2g，拌在饲料中连服7天。或用5%的恩诺沙星饮水剂100.0mL＋65.0kg凉开水（或深井水），连用5天。也可选用百病消、普杀平、呼泻净等药物饮水，均有一定的治疗效果。

十一、传染性鼻炎

本病是由副嗜血杆菌所引起的一种急性呼吸系统疾病。其主要症状为鼻腔与鼻窦发炎，流鼻涕，脸部肿胀和打喷嚏。

【流行特点】

本病发生于各种年龄的鹌鹑，老龄鹌鹑感染较为严重。病鹌鹑及隐性带菌鹌鹑是传染源，慢性病鹌鹑及隐性带菌鹌鹑是鹌鹑群中发生

本病的重要原因。其传播途径主要以飞沫及尘埃经呼吸传染，也可通过污染的饮水经消化道传染。群舍拥挤、不同年龄的鹌鹑混群饲养、通风不良、鹌鹑舍内闷热、氨气浓度大或鹌鹑舍寒冷潮湿、缺乏维生素A、受寄生虫侵袭等都能促使鹌鹑群严重发病，本病多发于冬秋两季，这可能与气候和饲养管理条件有关。

【临床症状】

表现为鼻腔流稀薄清液，常不令人注意。一般常见症状为鼻孔先流出清液，以后转为浆液黏性分泌物，有时打喷嚏，出现眼结膜炎、眼睑肿胀；脸部浮肿，缩头，呆立。雏鹌鹑生长不良，成年母鹌鹑产卵减少；如炎症蔓延至下呼吸道，则呼吸困难，病鹌鹑常摇头欲将呼吸道内的黏液排出，并有啰音，咽喉亦可积有分泌物的凝块，最后常窒息而死。

【病理变化】

本病发病率虽高，但死亡率较低，青年鹌鹑发病死亡较少。主要病变为鼻腔和窦黏膜呈急性卡他性炎，黏膜充血肿胀，表面覆有大量黏液，窦内有渗出物凝块，后成为干酪样坏死物。脸部及肉髯皮下水肿。严重时可见气管黏膜炎症，偶有肺炎及气囊炎。

【防治措施】

磺胺类药物是治疗本病的首选药物。一般用复方新诺明或磺胺增效剂与其他磺胺类药物合用，或用两三种磺胺类药物组成的联磺制剂均能取得较明显效果。

十二、包涵体肝炎

【流行特点】

包涵体肝炎是由鹌鹑腺病毒引起的一种急性传染性疾病。其特征为肝炎、肝细胞内形成核内包涵体、贫血和肌肉出血。

【临床症状】

突然发病，并在感染 3～5 天后出现死亡高峰，然后很快停止，也有的持续 2～3 周。该病发病率低，病鹌鹑呈蜷曲姿势，羽毛粗乱，表现贫血、黄疸，虚弱和虚脱。轻症鹌鹑数天后即可耐过恢复，多数无症状的感染鹌鹑体重减轻，饲料利用率降低，呈一过性减蛋。成年鹌鹑感染通常不表现临床症状，但可在血液中检出抗体。

【病理变化】

主要变化为贫血、黄疸，肝脏肿大、苍白、质脆，表面有不同程度的出血斑或出血点，有的可见到大小不等的坏死灶，肝褪色呈淡褐色至黄色。肾肿大、苍白，肾小管内有尿酸盐沉积。皮下、胸肌、腿肌、肠及其他脏器可见有明显出血。包涵体肝炎的病理变化主要集中在肝脏和十二指肠。

【防治措施】

1.预防

加强饲养管理，做好消毒工作，可减少本病的发生。有病的鹌鹑群应全部淘汰；消毒时，可用次氯酸钠或碘制剂等。饲料中适当添加抗生素及维生素有助于控制并发感染。目前尚无疫苗可用。

2.治疗

肝肾宝 1000g 拌料 500kg，连用 3～5 天，效果很理想。发病时，养殖户加倍添加多维素、维生素 K_3，添加抗生素，可以控制并发症和继发感染，改善营养状况，增强抵抗力，同时降低舍温。

十三、减蛋综合征

【流行特点】

引起本病传染的病原是腺病毒中的产蛋下降综合征-76 病毒，危害甚大，所有年龄的鹌鹑均可感染，母鹌鹑在产蛋高峰期表现明显。在饲养管理正常的情况下，产蛋前本病呈隐性感染，产蛋开始后，本病由隐性转为显性，产蛋群突然发生群体性产蛋下降。

【临床症状】

发病鹌鹑无明显的临床症状，仅表现为产蛋率突然下降，3～8周后逐渐恢复，同时伴有蛋壳色泽消失，接着产薄壳、软壳、砂皮蛋或无壳蛋，但一般对蛋的品质影响不大。发病期可持续4～10周。在几周内产蛋会很快或大幅度下降，鹌鹑群减蛋可达10%～30%，严重者更多。

【病理变化】

鹌鹑卵巢发育不良，卵巢萎缩、卵泡稀少或软化，子宫和输卵管黏膜水肿、色苍白、肥厚，输卵管腔内滞留干酪样物质或白色渗出物。

【防治措施】

① 有条件的区域可紧急注射减蛋综合征乳苗。

② 选用抗病毒药物饮水，连用3～5天。

③ 抗菌药和输卵管药物一并使用，防止继发细菌感染，病情得到控制后，饲料添加维生素E和多维速补快速恢复产蛋率。

十四、鹌鹑曲霉菌病

【流行特点】

鹌鹑曲霉菌病发生于3周龄以下的雏鹌鹑或成鹌鹑，但以幼鹌鹑多发，常见急性、群发性暴发，发病率和死亡率较高，在10%～50%，成年鹌鹑多为散发。本病可通过呼吸道吸入、肌内注射、静脉、眼睛接种、气雾等感染。曲霉菌经常存在于垫料和饲料中，在适宜条件下大量生长繁殖，形成曲霉菌孢子，若严重污染环境，可造成曲霉菌病的发生。健康幼雏主要是接触到被霉菌孢子污染的饲料、饮水、垫草以及空气而发生感染。

【临床症状】

病鹌鹑减食或不食，饮水增加，对外界反应淡漠，多俯卧，接着出现呼吸困难，头颈直伸，张口呼吸，如将雏鹌鹑放于耳旁，可听到沙哑的水泡声响，有时摇头、甩鼻、打喷嚏，有时发出咯咯声。后期有下痢症状。最后倒地，头向后弯曲死亡。个别可见曲霉菌性眼炎，眼睑肿大，结膜潮红，通常是一侧眼的瞬膜下形成一绿豆大小的隆起，致使眼睑鼓起，用力挤压可见黄色干酪样物，有些还可在角膜中央形成溃疡。神经症状可见扭颈、共济失调、向左旋转等。

【病理变化】

病理变化主要在肺和气囊上，肺脏可见散在的粟粒，大至绿豆大小的黄白色或灰白色的结节，质地较硬，有时气囊壁上可见大小不等的干酪样结节或斑块。并可有肉眼可见的菌丝体，成绒球状。严重的腹腔、浆膜、肝或其他部位表面有结节或圆形灰绿色斑块。

【防治措施】

① 避免垫料发霉，经常更换垫料。

② 应用制霉素片，具体用量参考相关说明。

③ 硫酸铜按1∶3000倍稀释，进行全群饮水，连用3天，可在一定程度上控制本病的发生和发展。

④ 应用克霉唑，雏鹌鹑每100只用本品1g混入饲料内饲喂5～7天，也有较好疗效。如和制霉素片配合使用，则疗效更高。

一、鹌鹑场存在的环境问题及对策

（一）鹌鹑场存在的问题

1.选址不合理

鹌鹑场过于集中，密度大、间距近，致使鹌鹑场之间相互污染。一旦某个厂发生传染病，就会很快传播开，增加发病机会，病情难以控制。

2.环境不卫生

管理不善，粪便到处堆放，处理不及时，特别是夏天，蚊蝇乱飞，很容易引发传染病；舍内有害气体严重超标，特别是在北方的冬季，为了保温，关闭门窗，使舍内通风不良，粪便及其发酵产生的氨气、硫化氢、二氧化碳等有害气体增多，常常诱发呼吸道疾病。

3.冬季不保温、夏季无降温设备

冬季保温不力，或是有取暖设备，也到处冒烟，鹌鹑易患呼吸道病，或温度达不到，鹌鹑生长迟缓。夏季气温高，鹌鹑采食量减少，产蛋率下降，抗病力降低，很容易发生疾病，受高热、高湿环境的影响，还会产生应激反应。

4.水质与土壤污染

粪便、冲洗鹌鹑舍的污水及加工的污水，极易引起水质污染，粪便中的氮和磷会转化为硝酸盐和磷酸盐直接污染土壤和地下水。

5.尸体处理不当

尸体处理不当是发生疫病的重要原因。动物尸体随处乱扔或喂狗，这样就会扩大传染。此外，尸体和粪便还会引起蚊蝇滋生，传染很多疾病。

6.虫、鼠、鸟害

鹌鹑舍周围的环境应每周消毒1次，场周围粪便、垃圾、污水和污物是滋生蚊蝇的源头，还有场区长草的空地、死水泡等都是蚊蝇滋生的地方。鼠害在鹌鹑场非常严重，特别是饲料仓库门窗不严，老鼠到处乱窜，偷吃饲料和污染饲料，损坏工具、啃坏设备，还传染疾病。如将鼠疫、副伤寒、白痢等多种疫病的病原带入。飞鸟能携带传染源，干扰鹌鹑和引起应激反应。

7.人员与车辆来往的污染

外来人员、物品、车辆的往来和流动，除带来一些应激外，还常常带进病原微生物。最常见的是出入车辆，随装运工具带进的粪便、垫草和其他一些污物等，通过笼具的装卸把废弃物和污染物散落到鹌鹑场，造成对环境的污染。

（二）对策

1.场址的选择和建设

最好选择在生态环境良好，无工业"三废"及农业、城镇生活、医疗废弃物污染的生产区域。在鹌鹑场周围1000m范围内，没有屠宰场、农药厂、医院等，粪便、污水处理应符合规定，鹌鹑场的建设要符合兽医卫生要求，便于通风、排水、生产管理和防疫等。

2.饲料蛋白质平衡及合理使用饲料添加剂

在饲料的配合上，要求遵循安全、有效、低成本的原则，在保证日粮中氨基酸需要量的前提下，降低日粮中粗蛋白的含量，可以有效地降低粪便中氮、硫的含量，从而减少有害物质和臭气的发生。绿色饲料添加剂主要有生物饲料、低聚糖、酶制剂和中药添加剂等。

3.建立饲料管理和卫生防疫制度

鹌鹑舍的门口要设消毒池或消毒槽，消毒液应定期更换。外来车辆进入通过消毒池，并用消毒药对车身进行喷洒消毒。粪坑、污水池、下水道口应每月消毒1次。工作人员进入生产区需更换工作服，严格控制外来人员进入生产区。需要进入生产区的外来人员应严格遵守场内的防疫制度，更换防疫服和工作鞋，脚踏消毒池，同时要用紫外线照射，按指定路线行走。

4.严格的消毒制度

在进雏之前或转群前，要将鹌鹑舍打扫干净，进行彻底消毒，可用0.3%过氧乙酸、0.1%新洁尔灭、0.2%百毒杀等进行喷雾消毒。鹌鹑场应定期进行带鹌鹑消毒。带鹌鹑消毒时，可选用刺激性较小的消毒剂，一般常用的消毒剂有0.1%新洁尔灭、0.2%过氧乙酸、0.1%次氯酸钠等。在无疫情的情况下，每2周消毒1次，如果有疫情，则每天进行消毒1次。舍内的工具应固定，不得互相串用，进入鹌鹑舍的所有用具都必须进行消毒。

5.对鹌鹑尸体的处理

病死鹌鹑是细菌、病毒和寄生虫卵传播的主要来源，处理不当极易造成疫病的传播和对环境的污染。目前主要采用焚烧或深埋两种办法来处理。

6.杜绝虫、鼠、鸟害

鹌鹑场要消灭蚊蝇，必须彻底堵住蚊蝇的源头，如鹌鹑的粪便、垃圾、污水和垫料等，禁止鹌鹑舍内外散落饲料、粪便等。另一方面是喷洒药物，鹌鹑场可用0.1%溴氰菊酯喷洒效果较好，门窗可钉上纱窗，防止蚊蝇进入。搞好灭鼠工作，保证舍内没有鼠洞，饲料库可采用铁门，窗户可用铁纱网钉上，一旦发现鼠洞，可投入适量的福尔马林溶液，而后用水泥封住洞口，也可采用药物、电子捕鼠器、鼠夹子等进行灭鼠。还可禁止飞鸟进入场区，飞鸟除了带来应激外，还可传播疾病。

7.鹌鹑场的环境绿化

在不影响鹌鹑舍通风的情况下，舍外空地、运动场、隔离带栽植树木、草坪等，利用其光合作用吸收二氧化碳、释放出氧气，细菌含量可降低达20%～78%，除尘效果达35%～65%，除臭效果可达50%，减少有害气体的量可达25%。到了夏天，天气炎热，还可降低环境温度10%～20%，同时可减轻热辐射80%，并且还可以预防大风、防止噪声、预防灰尘等，对有效地改善鹌鹑场环境起到了积极的作用。

二、做好防病、治病工作

① 保持鹌鹑舍内卫生，及时清理粪便，勤消毒；

② 定期消毒，建议一周消毒两次，最好选用氯制剂、碘制剂或季铵盐等成分的两种或两种以上的消毒液交替使用；

③ 对病死鹌鹑及时处理，不要随处乱扔，应深埋或焚烧处理；

④ 采取全进全出；

⑤ 产蛋期间隔一定时期（一般为30～35天）需用药物预防一次，以预防大肠杆菌病、输卵管炎为主，所选药物最好间隔开，以防产生耐药性；

⑥ 预防接种工作十分重要，不能掉以轻心。严格按照要求执行，用过的注射器及用具要做消毒处理，包装疫苗的瓶子要深埋或焚烧；

⑦ 不饲喂霉败变质饲料及洒落到地面上的土料；

⑧ 做好防鼠、灭蝇工作。

三、鹌鹑免疫程序

（一）商品蛋用鹌鹑免疫程序和预防程序

（二）见表5-1和表5-2。

表5-1　商品蛋用鹌鹑免疫程序

日龄	疫苗	用法
1	马立克病 HVT 疫苗	颈部皮下注射 0.1～0.2mL
7	新城疫Ⅳ系冻干苗	饮水、点眼或滴鼻
10	禽流感疫苗	皮下注射 0.2mL
20	新城疫Ⅳ系冻干苗	饮水

表 5-2　商品蛋用鹌鹑预防程序（中禽公司）

日龄	所防疾病	所用药物及疫苗	使用剂量	使用方法	用药禁忌
1		高锰酸钾	0.01%	全天饮水	禁用抗生素
2～4	提高抗病力	青霉素	1000只鹌鹑用480万国际单位～640万国际单位	每天饮水3～5h	禁用磺胺类药物
2～10	鹌鹑白痢	诺氟沙星或环丙沙星	每千克水中添加100mg	每天饮水3～5h	禁用其他抗生素
15	禽流感	（哈兽研或郑州中牧）禽流感油乳剂灭活苗	0.25mL/只	大腿内侧皮下注射	禁用抗病毒药物
20	新城疫	（南京药械厂）Ⅳ系冻干苗或克隆-30	2000羽份/千只	饮水，2h饮完。以后每隔1～2个月饮水免疫一次，按3000～4000羽份/千只饮水	禁用消毒药和抗病毒药物
21	免疫应激	电解多维、维他		全天饮水	
22	新城疫	（郑州中牧）新城疫单价油苗	0.25mL/只	皮下注射	禁用抗病毒药物
32～37	输卵管炎	阿莫西林、克拉维酸钾		饮水3～5h/天	
60	大肠杆菌病、输卵管炎	头孢类、四环素类等		饮水3～5h/天，以后每隔1～1.5个月用一次消炎药，药物成分依据病情程度而定	

（三）商品肉用鹌鹑免疫程序

见表5-3。

表5-3　商品肉用鹌鹑免疫程序

日龄	疫苗	用法
7	新城疫Ⅳ系冻干苗	饮水、点眼或滴鼻
10	禽流感疫苗	皮下注射 0.2mL
25	新城疫Ⅳ系冻干苗	饮水，2h 饮完，按 3000～4000 羽份 / 千只饮水

（四）种鹌鹑免疫程序

见表5-4。

表5-4　种用鹌鹑免疫程序

日龄	疫苗	用法
1	马立克病 HVT 活苗	颈部皮下注射 0.1～0.2mL
5	禽流感疫苗	皮下注射 0.2mL
8	大肠杆菌病　油乳剂多价灭活苗	皮下注射 0.2mL
10	新城疫Ⅳ系冻干苗	点眼
14	传染性法氏囊病弱毒苗	饮水
25	禽流感疫苗	皮下注射 0.3～0.5mL
28	传染性法氏囊病弱毒苗	饮水
60	禽副黏病毒油剂苗	皮下注射 0.3mL
60	禽霍乱油乳剂灭活苗	皮下注射 0.2mL
90	禽霍乱油乳剂灭活苗	皮下注射 0.2mL
120	新城疫Ⅳ系冻干苗	饮水，1.5 羽份

四、鹌鹑常用药物用量

具体见表5-5，仅供参考。

表5-5　鹌鹑常用药物及其用量

药名	用量	用法	用途
青霉素	2000IU/ 只	口服	细菌病、球虫病
	50000IU/ 只	肌注	革兰阳性菌感染

续表

药名	用量	用法	用途
链霉素	0.05g/只	肌注	革兰阴性菌感染
土霉素	0.05%	拌料	广谱抗菌
卡那霉素	0.02g/只	肌注	革兰阴性菌感染
泰乐菌素	0.5～1.0g/L	饮水	广谱抗菌
	0.2～0.5g/kg	拌料	缓解应激，提高产蛋率
壮观霉素	1.0g/L	饮水	广谱抗菌
	50.0mg/只	肌注	
制霉菌素	10000IU/只	口服	抗真菌
诺氟沙星	1.0g/kg 饲料	拌料	广谱抗菌
硫酸新霉素	1～14日龄 2.0g/50.0kg 水	饮水	
	3～5周龄 3.0g/50.0kg 水	饮水	
	6～8周龄 4.0g/50.0kg 水	饮水	
	9～20周龄 5.0g/50.0kg 水	饮水	
	70.0～140.0g/t 饲料	拌料	
氨丙啉	0.125g/kg 饲料	拌料	抗球虫

五、鹌鹑常用药物配伍禁忌表

具体参见表5-6。

表5-6　鹌鹑常用药物配伍禁忌表

分类	药物	配伍药物	配伍使用结果
青霉素类	青霉素钠、钾盐、氨苄西林类、阿莫西林类	喹诺酮类、氨基糖苷类（庆大霉素除外）、多黏菌类	效果增强
		四环素类、头孢菌素类、大环内酯类、氯霉素类、庆大霉素、培氟沙星	拮抗或疗效相抵或产生副作用，应分别使用、间隔给药
		维生素C、罗红霉素、磺胺类、氨茶碱、高锰酸钾、盐酸氯丙嗪、B族维生素	沉淀、分解、失败

续表

分类	药物	配伍药物	配伍使用结果
头孢菌素类	"头孢"系列	氨基糖苷类、喹诺酮类	疗效、毒性增强
		青霉素类、林可霉素类、四环素类、磺胺类	拮抗或无作用，应间隔给药
		维生素C、B族维生素、磺胺类、罗红霉素、氨茶碱、氯霉素、氟苯尼考、甲砜霉素、强力霉素	沉淀、分解、失败
		强利尿药、含钙制剂	与头孢噻吩、头孢噻呋等头孢类药物配伍会增加毒副作用
氨基糖苷类	卡那霉素、阿米卡星、妥布霉素、庆大霉素、大观霉素、新霉素、链霉素等	抗生素类	本类药物与大多数抗生素联用会增加毒性或降低疗效
		青霉素类、头孢菌素类、林可霉素类、甲氧苄啶（TMP）	疗效增强
		碱性药物（如碳酸氢钠、氨茶碱等）	疗效增强，但毒性也同时增强
		维生素C、B族维生素	疗效减弱
		大观霉素、氯霉素、四环素	拮抗作用，疗效抵消
大环内酯类	罗红霉素、硫氰酸红霉素、替米考星、吉他霉素、泰乐菌素、阿奇霉素、乙酰螺旋霉素	林可霉素类、麦迪霉素、螺旋霉素	降低疗效
		青霉素类、无机盐类、四环素类	沉淀、降低疗效
四环素类	土霉素、四环素、金霉素、强力霉素、米诺环素	甲氧苄啶、三黄粉	稳效

续表

分类	药物	配伍药物	配伍使用结果
氯霉素类	氯霉素、甲砜霉素、氟苯尼考	喹诺酮类、磺胺类、呋喃类	毒性增强
		青霉素类、大环内酯类、四环素类、多黏菌素类、氨基糖苷类、氯丙嗪、林可霉素类、头孢菌素类、B族维生素、免疫制剂、利福平	拮抗作用，疗效抵消
		碱性药物（如碳酸氢钠、氨茶碱等）	分解、失效
喹诺酮类	吡酮酸类或吡啶酮酸类，如诺氟沙星、环丙沙星等"沙星"系列	青霉素类、链霉素、新霉素、庆大霉素	疗效增强
		林可霉素类、氨茶碱、金属离子（如钙、镁、铝、铁等）	沉淀、失效
		四环素类、氯霉素类、呋喃类、罗红霉素、利福平	疗效降低
磺胺类	磺胺嘧啶、磺胺二甲嘧啶、磺胺甲噁唑、磺胺对甲氧嘧啶、磺胺间甲氧嘧啶	青霉素类	沉淀、分解、失效
抗菌增效剂	二甲氧苄啶、甲氧苄啶（三甲氧苄啶、TMP）	头孢菌素类	疗效降低
		氯霉素类、罗红霉素	毒性增强
		TMP、新霉素、庆大霉素、卡那霉素	协同作用
		阿米卡星、头孢菌素类、氨基糖苷类、林可霉素、四环素类、青霉素类、红霉素	疗效降低或抵消或产生沉淀
		磺胺类、四环素类、红霉素、庆大霉素、黏菌素	协同作用

续表

分类	药物	配伍药物	配伍使用结果
林可霉素类	盐酸林可霉素、盐酸克林霉素	青霉素类	沉淀、分解、失效
		其他抗菌药物	并不是与任何药物合用都有增效、协同作用，不可盲目合用
		氨基糖苷类	协同作用
多黏菌素类	多黏菌素杆菌肽	大环内酯类、氯霉素	拮抗作用
		喹诺酮类	沉淀、失效
		磺胺类、甲氧苄啶、利福平	协同作用
抗病毒类	利巴韦林、金刚烷胺、阿糖腺苷、阿昔洛韦、吗啉胍、干扰素	青霉素类、链霉素、新霉素、金霉素、多黏菌素	协同作用
		喹乙醇、吉他霉素、恩拉霉素	拮抗作用
		抗菌类	无明显禁忌，无协同、增效作用。合用时有可能增加毒性，应防止滥用

？ 思考与训练

1.李四今年养了5000只鹌鹑，他来向你请教鹌鹑的防疫程序，请你根据当地实际和所学知识，帮他制定一套完整的防疫程序。

2.李和平家饲养的10000只鹌鹑发病，有少数鹌鹑不见任何症状即突然死亡。之后大部分鹌鹑陆续表现出精神沉郁、羽毛粗乱、翅膀下垂、闭目呆立、呼吸困难、张口喘息、口腔有多量黏液流出等症状。部分鹌鹑排白色稀便或血便。有的鹌鹑腿麻痹、站立不稳、头向前伸，经2～3天死亡。请根据所学知识，判断该群鹌鹑患了何种疾病，并提出合理的防治措施。

3.石家庄某鹌鹑养殖户的12000只产蛋鹌鹑发病。鹌鹑群于2019年1月初开始发病，高峰时每天死亡一百余只，至2月中旬已死亡3000余只。发病禽群采食量下降，饮水增加。病禽表现为精神委顿，呆立，排黄白色稀粪，肛门周围被污染。剖检可见口腔内有黏液，气囊存在多量干酪样渗出物、浑浊，气管轻微出血，心包膜增厚，心包表面及心包液中有纤维性渗出物，肝脏肿大、出血，表面被覆一层纤维蛋白膜，腹膜炎症状明显，肾肿大，尿酸盐沉着。发病后反复多次饲喂或饮用青霉素、罗红霉素、头孢菌素、痢菌净等药物，效果均不理想。请根据以上所述，判断该群鹌鹑患了何种疾病，并制订出治疗措施。

4.石家庄某鹌鹑养殖户饲养的3500只正在产蛋的白色鹌鹑发病，急性死亡的鹌鹑无任何症状，肌肉丰满，嗉囊中还有饲料。病程稍长的鹌鹑排出水样白色粪便，羽毛蓬乱无光泽并布满污秽，胸部肌肉消瘦，嗉囊中无饲料。鹌鹑发生血便的第1～3天每天死亡5～7只，且大群鹌鹑精神和饮食正常。而在投服磺胺二甲嘧啶和止血药物后血便减少，但鹌鹑采食、饮水量下降，死亡增多，死亡数每天增至25只，第5天死亡75只。剖检死亡鹌鹑可见小肠管壁水肿增厚，内外黏膜面均有许多大小不等的陈旧性出血点和黄色、橙色出血灶，病变组织与周边组织界限明显。盲肠黏膜表面有较大的溃疡灶，呈枣核状或椭圆形；溃疡灶表面覆盖一层伪膜，呈灰黑色；溃疡灶边缘稍隆起，中央部位下陷。个别鹌鹑有腹膜炎症状并伴有肠粘连。病程稍长的鹌鹑肝脏边缘有淡白色、淡黄色条纹，以及面积不规则的淡黄区域。个别鹌鹑在肝脏可见针尖大小的黄白色坏死小病灶。脾脏出血、淤血、肿大。请根据以上所述，判断该群鹌鹑患了何种疾病，并制订出治疗措施。

学习任务二　鹌鹑常见寄生虫病的防控

任务描述

　　寄生虫病是危害鹌鹑成活率的又一重要因素，为了减少鹌鹑寄生虫病的发生，需要掌握常见寄生虫病的流行特点、临床症状、病理变化、实验室诊断和综合防治措施等知识，在此基础上，做好药物预防工作和保证饲料质量，是减少这类疾病发生的关键。发生疾病时，综合分析各种资料，最后确诊，采取综合防治措施，才能将损失降到最低。

一、鹌鹑球虫病

　　鹌鹑球虫病是由艾美耳属的一种或多种球虫所引起的一种鹌鹑原虫病，主要危害60日龄左右的鹌鹑，常造成一个笼中单层大批死亡。本病的主要特征为排红褐色粪便或粪便中带血。成年鹌鹑感染后多为带虫者，使产蛋和增重受到严重影响。

【流行特点】

　　柔嫩艾美耳球虫寄生于盲肠，致病力最强；毒害艾美耳球虫寄生于小肠中三分之一段，致病力强；各个品种的鹌鹑均有易感性，病鹌鹑是主要传染源，凡被带虫鹌鹑污染过的饲料、饮水、土壤和用具等，都有卵囊存在。鹌鹑感染球虫的途径主要是吃了感染性卵囊。饲养管理条件不良，鹌鹑舍潮湿、拥挤，卫生条件恶劣时，最易发病。在潮湿多雨、气温较高的梅雨季节易暴发球虫病。

【临床症状】

1.急性型

精神倦怠，食欲减少、渴欲增加，贫血，羽毛逆立，缩头拱背，两翅下垂，呆立一角，呈嗜睡状，反应迟钝。下痢，排褐色或红色糊状恶臭粪便，重者排血便，肛门周围羽毛被排泄物污染而粘在一起。随病情发展，多数病例现神经症状，两肋常有痉挛，两翅轻瘫，两脚外翻或直伸或定期痉挛收缩。可视黏膜苍白，体况消瘦，体温下降而死亡。轻度球虫病患鹌鹑，粪便稀黄，稀水样粪便中间有成形粪便，或者成形粪便表面有血丝。死亡率升高，有时高达30%～50%。

2.慢性型

症状与急性型相似，但不明显。病鹌鹑日渐消瘦，体重减轻，间歇性下痢，产卵量减少，少见死亡。

【剖检变化及诊断】

主要病变在肠道。柔嫩艾美耳球虫主要侵害盲肠，两支盲肠显著肿大，可为正常的3～5倍，肠腔中充满凝固的或新鲜的暗红色血液，盲肠上皮变厚，有严重的糜烂和溃疡坏死灶。毒害艾美耳球虫损害小肠中段，使肠壁扩张、增厚，有严重的坏死。十二指肠充血，并有斑点状出血。空肠后段及回肠弥漫性充血、出血，肠黏膜增厚，有坏死灶，肠内容物似血样。

若多种球虫混合感染，则肠管粗大，肠黏膜上有大量的出血点，肠管中有大量的带有脱落的肠上皮细胞的紫黑色血液。

生前用饱和盐水漂浮法或粪便涂片查到球虫卵囊，或死后取肠黏膜触片或刮取肠黏膜涂片查到裂殖体、裂殖子或配子体，均可确诊为球虫感染。

【综合防治】

1.预防

加强饲养管理，保持饲料、饮水清洁，尤其要多喂富含维生素A的饲料，以增强其抗病力。保持鹌鹑舍干燥、通风和鹌鹑场卫生，定期清除粪便、堆放发酵以杀灭卵囊。笼具、料槽、水槽、用具及污染处用热碱水消毒，笼可用热水或火上烘烤消毒。一般每周一次。成鹌鹑与雏鹌鹑分开喂养，以免带虫的成年鹌鹑散播病原导致雏鹌鹑暴发球虫病，发现病雏及时隔离和治疗。

药物预防可选用氨丙啉混入饲料，鹌鹑的整个生长期都可用；或用地克珠利、马杜拉霉素混饲。

2.治疗

国内当前使用的主要抗鹌鹑球虫药有三类，一类是聚醚类离子载体抗生素，第二类是化学合成药，第三类是中草药制剂。

聚醚类离子载体抗生素类抗球虫药主要有莫能菌素、拉沙里菌素、盐霉素、马杜拉霉素、海南霉素等；化学合成类抗球虫药主要有磺胺类（包括磺胺喹噁啉、磺胺吡嗪等）、球痢灵、氯苯胍、氨丙啉、尼卡巴嗪、地克珠利、百球消、二甲硫胺、喹啉类等；中草药制剂主要有复方青蒿常山散（青蒿、常山各80.0g，地榆、白芍各60.0g，茵陈、黄柏各50.0g）、五草汤（旱莲草、地锦草、鸭跖草、败酱草、翻白草各等份）、驱球净等新制剂，其大多是由中药材经提取、浓缩、精制而成，具有驱虫、杀虫、止血等功效。

也可用速效菌虫净，连饮3天。病情严重的鹌鹑群用三字球虫粉50.0g溶于25.0kg水中，混合均匀，连饮3～5天，在24h内停止死亡。用球速治50.0g与50.0kg水混匀，连饮5天。对于食欲废绝、无饮水欲的病鹌鹑，用滴管吸取上述药液滴口，可取得良好的效果。也可在饲料中添加克球粉、氯苯胍、驱球净、地克珠利等抗球虫药。

二、鹌鹑黑头病

组织滴虫病又叫黑头病或传染性盲肠肝炎，是由火鸡组织滴虫引起的，它寄生于鹌鹑的盲肠和肝脏内，引起特征性的盲肠发炎、溃疡和肝脏坏死。

【临床症状】

本病多发生于春夏季节，主要通过消化道感染。病鹌鹑精神萎靡，食欲减退，翅下垂，怕冷嗜睡，排带有多量泡沫的硫黄色或淡绿色的恶臭糊样稀便。因头脸部皮肤变成紫蓝色或黑色，故称"黑头病"。剖检一般仅一侧盲肠发生病变，少数为两侧；典型病例，盲肠肿大似香肠样，内充满干燥、坚硬、干酪样的凝固栓子，剥离时肠壁只剩下菲薄的浆膜层，黏膜层、肌层均遭破坏。肝脏病变部位为圆形或不规则的，边缘隆起而中央凹陷的坏死灶，病灶呈黄色或淡绿色，大小不一。

【诊断】

根据临床症状结合病理剖检特征性的盲肠和肝脏病变作为诊断的依据。

【综合防治】

1.预防

加强环境卫生和饲养管理，定期给鹌鹑群驱除异刺线虫，这对预防本病具有极重要的意义。成年鹌鹑和雏鹌鹑严格分开饲养。发现病鹌鹑应立即隔离治疗，重病鹌鹑及时淘汰，鹌鹑舍地面用3%火碱溶液消毒。

2.治疗

治疗本病可选用下列药物：

甲硝唑（灭滴灵）适量，配成0.05%水溶液饮水，连饮7天后，停药3天，再饮7天。或用硫酸铜溶液适量，按0.05%浓度饮水，连饮5天。

二甲硝咪唑（地美硝唑），预防按0.02%混入饲料投服，治疗按0.05%混饲。产蛋鹌鹑禁用。

三、鹌鹑住白细胞虫病

鹌鹑住白细胞虫病又称鹌鹑白冠病、鹌鹑出血性病，是由住白细胞原虫和卡氏白细胞原虫寄生于鹌鹑的白细胞（主要是单核细胞）和红细胞内而引起的一种血孢子虫病。每年夏秋季蚊子、蚋和库蠓活跃的季节发病率高，死亡率高。

【临床症状】

急性暴发，病鹌鹑精神不好，食欲废绝，严重者呼吸困难，咯血，体温升高，排绿色或黄绿色粪便。倒提病鹌鹑，从口腔流出淡绿色液体，一般2～3天死亡，死后口角流血。病程长者食欲变差，贫血，消瘦，脚软，排绿色粪便，10～15天死亡。蛋鹌鹑产蛋率下降。有的病鹌鹑死前摇头、颤颈、猛烈挣扎后爬地，呼吸微弱，但不立即死亡；胫部、趾部皮下有红色结节样出血点，俗称红腿病。

【剖检变化】

主要剖检症状是肝脏表面、肠壁层、肠系膜、肌胃脂肪表面、腹脂表面和肌肉表面有小米粒大小的出血点（一个或者多个突起于表面，有时候白色或者黄色），心外膜有白色小结节。血液稀薄、凝固不良。心包和胸腔积液。肝、脾肿大出血，肺、肾等内脏器官出血。

【综合防治】

1. 预防

主要是在夏秋流行季节消灭库蠓和蚋、蚊子等。可用杀虫药喷洒鹌鹑舍及其周围，在流行季节及时用药预防。

2.治疗

用0.0001%的乙胺嘧啶和0.001%磺胺二甲氧嘧啶拌料；250万国际单位/片或0.25g/片的氯唑，每千克饲料4片拌料，连用3天，有很好的预防效果。也可以用三字球虫粉、复方泰灭净、伯氨喹和可爱丹等治疗和预防。

四、鹌鹑蛔虫病

鹌鹑生产中很少有蛔虫病发生。但近几年饲料来源复杂，饲料中会带有蛔虫卵，由此而引起鹌鹑蛔虫病，此病多发于成年鹌鹑。鹌鹑蛔虫病是鹌鹑的一种常见线虫病，地面平养的鹌鹑发病较多，在粪便堆积、卫生不良、营养差的条件下，以及过度拥挤，常常会招致感染发病。蛔虫的存在常影响鹌鹑的生长发育，导致肠阻塞和死亡。

【临床症状】

雏鹌鹑表现生长发育不良，消瘦、贫血、精神不振、行动缓慢，消化机能障碍、下痢和便秘交替，有时稀粪中混有肉红色或混有带血黏液，以后逐渐消瘦至死亡。成年鹌鹑轻度感染时症状一般不明显或症状较轻，大部分鹌鹑采食饮水正常，精神正常。严重感染时，鹌鹑表现日渐消瘦、下痢、贫血，个别鹌鹑瘫痪，母鹌鹑产蛋率下降。虫体多时，造成肠道阻塞，以致死亡。

【剖检变化及诊断】

肠道肿大。十二指肠之后一段小肠用剪刀剖开可见两头尖、中间粗的灰白色、白色蛔虫。严重者蛔虫会堵塞肠道，形成肠梗阻，也可见穿孔、肠道出血。其他部位少见虫体。生前从鹌鹑粪便中检出蛔虫卵；死后从肠道中检出蛔虫，均可确诊。

【综合防治】

1.预防

防止本病的关键是搞好鹌鹑舍环境卫生，及时清理积粪和垫料，堆积发酵；不同年龄的鹌鹑要分开饲养；饲喂全价配合饲料，尽量用维生素、微量元素添加剂代替青绿饲料；及时清除粪便，减少感染机会；提倡笼养和网上平养；定期对粪盘、地面等进行消毒；定期驱虫，产蛋鹌鹑产蛋前驱虫一次。

2.治疗蛔虫病的药物及用法

盐酸左咪唑：每千克体重10.0～20.0mg，均匀拌入饲料或混入饮水中，每天1次，连服2天，空腹饮用，一般用1次即可。

甲苯咪唑：每千克体重30.0～100.0mg，一次口服，对成虫和幼虫均有效。

驱蛔灵（枸橼酸哌嗪）：每千克体重250.0mg，均匀拌入饲料或混入饮水中，每天1次，连服2天，空腹饮用。

用药物驱虫后应彻底清扫鹌鹑舍内粪便。

五、鹌鹑绦虫病

【临床症状】

消瘦，产蛋减少，羽毛无光泽。粪便变稀，粪便带血或血丝，粪便上有绦虫节片。

【剖检变化】

剖检可见十二指肠后的小肠肠壁增厚出血。剖开肠道可见扁平节片相连的白色虫体。用镊子挑起虫体有弹性，松开后恢复原状。

【综合防治】

1.预防

应从以下几方面做起：幼鹌鹑易感染绦虫病，不同日龄鹌鹑不能混养；饲料中要含有足量蛋白质和维生素，增强机体抵抗力；及时清理粪便，粪便集中堆放发酵杀死虫卵；加强场区环境卫生管理；要消灭甲虫、苍蝇等中间宿主；加强饲养用具的消毒；防止饲料被粪便污染。

2.治疗

每7只成年鹌鹑用吡喹酮10.0mg拌料，一次喂给；每14只成年鹌鹑用丙硫苯咪唑20.0mg拌料，一次喂给。治病时应增加维生素用量。

六、鹌鹑突变膝螨病

鹌鹑突变膝螨病俗称石灰脚病，是突变膝螨寄生于鹌鹑的胫部及脚趾部或羽毛根部所引起的一种外寄生虫病。膝螨寄生于皮肤内，虫体吞食皮肤组织，并在皮肤内钻洞繁殖，致使寄生部位发生皮炎。

【临床症状】

虫体刺激鹌鹑胫部、趾部皮肤而发炎，炎性渗出物干后，在鳞片下面形成一种灰白色或灰黄色的结痂，使鳞片的结构变疏松和隆起，鹌鹑脚肿大，外观似涂了一层厚厚的石灰，故有"石灰脚"之称。严重时可引起关节肿胀，趾骨变形，脚呈畸形，行走困难。毛根部的膝螨刺激皮肤发痒，引起皮炎，皮肤发红，羽毛变脆易脱落。由于病情发展，患病鹌鹑行走困难，食欲减少，体况消瘦，生长发育受阻，产卵量下降。

【诊断】

根据临床症状，采取病料，查找虫体，以便确诊。

【综合防治】

1.预防

保持鹌鹑舍卫生，定期消毒，地面常撒生石灰，并坚持用0.125%～0.5%双氯苯菊酸酯喷洒鹌鹑舍墙壁、地面及笼架等。切忌将药液喷洒在饲料、饮水及食槽内，以防中毒。

2.治疗

采用局部涂擦或药浴方法进行治疗。用液体石蜡100mL和兽用5%碘酊10mL混合涂擦患部，每天涂擦两次，早晚各1次，连用2～3天，即可痊愈。也可用煤油涂擦患部，疗效较好。

七、鹌鹑羽虱病

鹌鹑羽虱病是由各种鹌鹑羽虱寄生于鹌鹑的体表而引起的一种寄生虫病。鹌鹑羽虱是一种永久性寄生虫，全部生活史都在鹌鹑身上进行，一般不吸血，只食毛或皮屑。其危害取决于鹌鹑体感染程度，感染严重的鹌鹑群可造成雏鹌鹑生长受阻、成鹌鹑产蛋量减少。

本病感染方式主要是直接感染，健康鹌鹑与患有羽虱病的鹌鹑或污染的鹌鹑舍、用具接触而感染。本病一年四季均可发生，冬春季节或动物拥挤时发病较多。

【临床症状】

发现鹌鹑笼上爬有虱子，鹌鹑翅下、脖颈等处也有虱子。羽虱大量寄生时，病鹌鹑瘙痒不安，相互啄羽，因啄痒而造成羽毛折断、脱落及皮肤损伤。采食量下降，营养不良，鹌鹑体消瘦、贫血，生长发育迟缓，产蛋量下降，严重的引起死亡。

【诊断】

根据流行病学与临床症状进行初步诊断，从鹌鹑的皮肤、羽毛上发现虱子即可确诊为鹌鹑羽虱病。

【综合防治】

1.预防

加强饲养管理，饲料营养应完善，饲料、饮水要清洁；鹌鹑舍要干净、卫生，开展经常性消毒、杀虫工作；对鹌鹑舍、笼具、饲槽、水槽、用具及环境进行彻底消毒、灭虫，以控制虱子的传播。及时检查鹌鹑群，发现感染鹌鹑虱及时治疗。

鹌鹑舍内应严禁饲养其他动物，切忌混群饲养。当鹌鹑只全部淘汰后，要对鹌鹑舍内的全部用具进行彻底的浸泡冲刷并放在阳光下晾晒，对鹌鹑舍的墙壁和地面进行彻底消毒，同时防止鸟类和老鼠出入。

2.治疗

应用0.006%杀灭菊酯或0.005%溴氰菊酯喷洒鹌鹑体，同时对鹌鹑舍、笼具及饲槽、水槽等用具及环境也要喷洒药物，隔10天用药1次，连用3次。也可用溴氰菊酯以高压喷雾法喷湿鹌鹑体表进行杀虫，同时用伊维菌素每千克体重按有效成分0.1mg拌料饲喂，每隔1天喂1次，连续喂3次，7天以后再按上法饲喂2次。对笼具及鹌鹑体用卫害净兑水喷雾，全面喷洒圈舍，应选择在室温较高的中午进行。

❓ 思考与训练

1.2018年7月初，某养殖户所养的28日龄鹌鹑发病，发病鹌鹑精神萎靡，呆立，食欲减退或废绝，羽毛蓬松脏乱，肛门周围羽毛有排泄物粘连，粪便灰黄色混有黏液，嗉囊内充满液体。发病3天内用抗生素治疗效果不明显，有零星死亡病例。该户鹌鹑为笼养，饲养密度较大，环境阴暗潮湿。剖检发病鹌鹑发现内脏无明显变化，但小肠肠管明显肿胀，肠壁增厚，回肠黏膜上皮有出血点和出血斑。请根据以上所述，判断该群鹌鹑患了何种疾病，并制订出治疗措施。

2.李东华所养的鹌鹑发病，表现下痢，头脸部呈紫黑色，肝肿大坏死，盲肠壁增厚、内有干酪样栓子。请根据以上所述，判断该群鹌鹑患了何种疾病，并制订出治疗措施。

3.某鹌鹑养殖户所养鹌鹑脚部患病发炎，有炎性渗出物，形成白色或黄色结痂，好像附着一层石灰。严重时，引起关节肿胀，趾骨变形，行走困难，食欲不佳，生长受到影响，产蛋量下降。请根据以上所述，判断该群鹌鹑患了何种疾病，并制订出治疗措施。

学习任务三
鹌鹑普通病、营养代谢性疾病和中毒病的防控

任务描述

普通病、营养代谢性疾病和中毒病是危害鹌鹑养殖业的又一重要因素，为了减少这类疾病的发生，需要掌握鹌鹑患该类疾病的发病原因、临床症状和综合防治措施等知识，在此基础上加强饲养管理，是减少本类病发生的关键。发生疾病时，应综合分析各种资料，最后确诊，采取综合措施，才能将损失降到最低。

一、鹌鹑脱肛

本病一般发生于产蛋率较高的母鹌鹑，或者经常发生便秘的鹌鹑，使直肠部分脱出肛门外。

【病因】

常见于开产期过早，产蛋过大过多，但输卵管内膜油质分泌不足，

患子宫内膜炎，产软壳蛋或大蛋滞留；机体本身体质瘦弱或过肥，饲粮中粗纤维过少或过多，补充维生素D_3不足等原因导致肛门、泄殖腔外翻。

【临床症状】

脱肛多发生于早产或产蛋率高及经常便秘的鹌鹑。病鹌鹑肛门外翻，初期脱出约0.5cm。肛门周围绒毛湿润，肛门收缩无力。随病程的延长，以后脱出越来越长，肛门及脱出的泄殖腔黏膜呈肉红色，管壁渐干燥，如不及时处理，则脱出物出现炎症、溃疡、坏死，甚至被其他鹌鹑啄食，引起死亡。

【综合防治】

1.预防

消除各种诱因，改善饲养管理。饲料搭配恰当，尤其是冬季注意补充维生素和青绿饲料，夏季喂的青绿饲料要鲜嫩，含粗纤维少。

2.治疗

及时取出病鹌鹑，隔离饲养。剪去病鹌鹑肛门附近污秽的羽毛，用0.1%高锰酸钾溶液或2%硼酸溶液冲洗脱出污染部分，然后将脱出部分纳回原位。每天清洗患处2～3次，并且控制喂料量，亦可在消毒后，复位完毕，再采用肛门环状缝合，外涂消炎膏，一般初期可治愈，病重者可淘汰。防止输卵管炎的发生，使用抗生素饮水，每月一次。严格控制鹌鹑开产时间，一般在35日龄以后开产，可有效降低该病的发生。

二、鹌鹑食滞

本病是一种常见的嗉囊阻塞或消化不良的疾病，各种年龄的鹌鹑均可发生，但以幼鹌鹑较为多发。

【病因】

引起食滞的原因很多，但多见于过食，食入粗劣不易消化的饲料或变质的饲料，日粮配合不当，日粮突然变化或饥饱不均等。

【临床症状】

鹌鹑表现为食欲废绝，行动迟缓，精神萎靡不振，羽毛蓬乱，翅膀下垂，患病鹌鹑嗉囊胀大，触摸嗉囊时感到很坚实，充满食物，长久不消，常痛苦地叫唤，发出尖而长的声音。严重时导致腺胃、肌胃甚至十二指肠均发生阻塞，使消化道全部麻痹。病程较长时，可引起死亡。

【综合防治】

1.预防

控制鹌鹑食量，定时定量喂给。杜绝饲喂变质和不易消化的饲料。加强饮水和适当运动，幼鹌鹑应喂给易消化的食物，不喂腐烂发霉的饲料。

2.治疗

冲洗嗉囊，用针尖呈球形的长针头，从嘴角顺舌咽动作进入咽内，将2%食盐水或1.5%的碳酸氢钠溶液注入嗉囊。再将鹌鹑头朝下，用手轻压嗉囊，挤出积食和水，可灌洗1～2次，使嗉囊排空。也可向嗉囊灌入少量植物油或蓖麻油，同时按压嗉囊，停止喂食并投给酵母片，每只鹌鹑每次0.5～1片。必要时可进行嗉囊切开术，取出硬物。也可用2%的食盐水灌洗1～2次，可喂乳酶生，每日25.0g，连用3天。

三、鹌鹑厌食

本病也是一种常见嗉囊病，各种年龄鹌鹑均可发生。主要是由于食入腐败变质的饲料、有特殊异味或劣质的饲料而引起。

【临床症状】

病鹌鹑主要表现精神不振，不食不叫，有时想饮水，嗉囊不膨胀，羽毛松乱等。

【综合防治】

1.预防

预防为主，加强饲养管理，注意饲料合理搭配，避免鹌鹑食入变质或有异味的饲料。

2.治疗

给病鹌鹑灌服少量的辣椒水或稀释的芳香健胃剂，如1%的姜酊、陈皮酊、桂皮酊0.5～1.0mL，0.1%的稀盐酸2～3滴，每天2～3次，至吃食为止。也可喂酵母片或乳酶生片0.5片，每天2次。严重的可进行嗉囊切开，取出嗉囊内容物。

四、鹌鹑便秘

鹌鹑是在较高温度下饲养，易发生便秘，本病常见于成年鹌鹑，幼鹌鹑也可发生。由于饲养管理不当，饲料搭配不宜，长期缺乏维生素或在肌胃中起研磨作用的砂子，或者因饲料过硬且饮水不足、运动缺乏等均可引起。

【临床症状】

病鹌鹑排粪困难，呈痛苦状，神态不安，粪便干燥呈粒状，甚至难以排出。

【综合防治】

1.预防

加强饲养管理，饲喂适当青绿饲料，保证饲料中有足够的维生素，并在饲料中加入适量消过毒的砂粒，给予充足的饮水等，均可预防本病的发生。

2.治疗

给病鹌鹑灌服蓖麻油或液体石蜡3.0～5.0mL；也可灌服植物油，一次3.0～5.0mL，或从肛门灌入3.0～5.0mL温热肥皂水或植物油等。或喂少许焦化饲料（用文火将精料焙焦黄，用鸡内金焙焦黄喂食更好）。

五、鹌鹑肠炎

本病为肠黏膜严重炎症，可侵害黏膜下层、肌层。多由于饲养管理不当，饲料发霉变质或不定时饲喂，饲料中淀粉、蛋白质过多，缺乏砂粒等均可引起本病发生，天气突变，饲料突变和球虫等寄生虫病亦可引起。

【临床症状】

雏鹌鹑常因以上原因导致消化不良，继而形成肠炎。病鹌鹑表现精神不振，低头站立，不食，羽毛松乱无光，两翅下垂，站立不稳，排出稀软粪便，以后腹泻，排出水样粪便。肛门周围沾满粪便，最后衰竭而死。

【综合防治】

1.预防

针对病因加强饲养管理，在饲料中定期添加抗菌药物预防本病。可在饲料中添加0.05%～0.2%磺胺脒。

2.治疗

如果肠道内存有有害物，应先一次用少量盐类泻剂，如硫酸镁0.3g，后每只鹌鹑用磺胺脒0.5片，每隔4～6h一次，连用2～3天。如果肠道内已空，可直接用磺胺脒或活性炭治疗。

六、鹌鹑难产

本病常发生于初产鹌鹑或高产母鹌鹑，母鹌鹑产蛋困难或蛋无法产出时，称为难产。

【病因】

母鹌鹑产蛋困难的原因很多，主要有以下几种情况：一是初产的幼鹌鹑因蛋过大或横位而致难产，甚至突然死亡；二是因鹌鹑体弱导致输卵管内分泌不足或停止，使黏膜干燥缺乏滑润，或因缺乏运动、过肥导致脂肪压迫使输卵管紧缩；三是输卵管炎症导致病理性堵塞、狭窄、扭转而使卵无法产出；四是母鹌鹑子宫收缩无力造成难产。

【临床症状】

母鹌鹑产蛋时表现神态不安，有时虽有产蛋姿势，但始终不见蛋产出，触摸腹部确实有蛋存在。产蛋时间过长，母鹌鹑疲劳，衰弱无力，羽毛逆立，甚至突然死亡。

【综合防治】

1.预防

加强饲养管理，给予适当运动及必要的营养，以增加机体机能。

2.治疗

根据不同发病原因，采取相应措施。一般性的或输卵管内油脂过少的，可先向肛门内注入少量蓖麻油、液体石蜡，增加润滑性，然后按摩腹部进行助产；如果是因为体质衰弱和子宫收缩无力引起，可喂服红糖水或益母草煎剂，同时饲料中增加必要的营养成分。

如果上述方法无效，可用手指在外腹部将蛋压碎后，任其自然排出，然后用0.1%的高锰酸钾冲洗泄殖腔。若是输卵管炎症，输卵管狭窄或扭转而致的难产，一般不易治疗。若形成习惯性难产，则以淘汰为宜。

七、鹌鹑感冒

本病各种年龄的鹌鹑均可发生。主要是由于鹌鹑舍内温度不均，忽冷忽热，或天气突变时鹌鹑舍保温不良，有贼风侵袭，或在运输过程中受到风寒侵袭所致。

【临床症状】

病鹌鹑表现呆立不动，羽毛松乱呈逆立状，采食减少或不食，咳嗽、流鼻液，呼吸困难，全身颤抖，最后消瘦死亡。

【综合防治】

1. 预防

预防本病的关键在于加强饲养管理，控制室内温度及保持通风良好，冬季注意防止贼风侵袭。

2. 治疗

可喂服磺胺类药物，如磺胺嘧啶片每只鹌鹑1/4片，每天2～3次，连用4天。

八、鹌鹑维生素A缺乏症

本病属于营养代谢性疾病，多见于高产母鹌鹑。由于母鹌鹑在高产期中消耗维生素A较多，如果饲粮中不能获得适当补充，饲养条件不良，运动不足，矿物质缺乏以及患消化道疾病等均可引起本病发生。

【临床症状】

雏鹌鹑在一周龄左右可出现症状，表现精神不振，羽毛松乱，生长停滞、衰弱，运动失调，流泪或干酪样物质沉积于眼睑，有的眼睛干燥，患干眼症死亡率可达80%左右。成年鹌鹑表现精神不振，食欲下降，呼吸道和消化道抵抗力下降，易感染疾病，机体逐渐消瘦，体重下降，贫血，步态不稳，眼睛被分泌物黏着，产蛋量明显下降，甚至产蛋停止。

【病理变化】

消化道黏膜肿胀，鼻腔、食道和咽有白色的小脓包，可蔓延到嗉囊，以后可形成小溃疡。喉及气管黏膜均有小结节样的颗粒病变。

【综合防治】

1.预防

根据鹌鹑生长与产蛋不同阶段的营养要求特点，调节维生素、蛋白质和能量水平，保证其生理和生产需要。防止饲料放置时间过久，也不要预先将脂溶性维生素A掺入到饲料中或存放于油脂中，以免维生素A或胡萝卜素遭受破坏或被氧化。

对患维生素A缺乏症的鹌鹑群，首先应该查明病因，积极治疗原发病，同时改善饲养管理条件，加强护理；其次是要调整日粮组成，增补富含维生素A和胡萝卜素的饲料，如鱼肝油等。

2.治疗

对病鹌鹑可喂服鱼肝油，每只0.1～0.3mL；或每千克饲料中加入稀鱼肝油5.0～10.0mL，连用3周。眼部可用2%硼酸溶液冲洗，每日1次。

九、鹌鹑维生素D缺乏症

如果鹌鹑饲料中维生素D的添加量不足，鹌鹑又得不到充足的阳光照射，肝脏中的储藏量消耗到一定程度后，即出现缺乏症状。各种年龄的鹌鹑均可发病，可导致幼鹌鹑的佝偻病和成鹌鹑的骨软症，产蛋鹌鹑导致软壳蛋增多。

【临床症状】

幼鹌鹑约在2周龄左右出现，发病的迟早和幼鹌鹑饲料中以及种蛋中含维生素D及钙量的多少有关。幼鹌鹑初期表现双腿无力，走路不稳，喜欢蹲伏，喙和爪软而易曲，以飞节着地，生长缓慢甚至停止。以后骨骼变得柔软且关节肿大，尤其是胸骨，可呈弯曲状。产蛋母鹌鹑先发现产薄壳蛋和软壳蛋的数目日渐增加，然后产蛋量下降，甚至完全停产。蛋的孵化率降低，喙、爪、龙骨变软，尤其是肋骨变形，后期长骨易骨折、关节肿大等。

【综合防治】

1.预防

以预防为主，必须有充分的光照。注意雏鹌鹑及高产母鹌鹑的饲粮中应适当补充富含维生素D的饲料，保持饲料钙、磷比例，适当增加骨粉等饲料用量。

2.治疗

可在每千克饲料中添加稀鱼肝油3.0～5.0mL，连用3周以上。

十、鹌鹑维生素B₁（硫胺素）缺乏症

大多数常用饲料中硫胺素均很丰富，特别是禾谷类籽实的加工副产品糠麸中，生产中鹌鹑发生维生素B₁缺乏症主要是由于饲料中硫胺素遭受破坏所致。如饲粮被蒸煮加热、碱化处理等均能破坏硫胺素；另外，饲粮中含有硫胺素拮抗物质而使硫胺素缺乏，如饲粮中含有球虫抑制剂氨丙啉以及某些植物、真菌、细菌产生的拮抗物质，均可能使硫胺素缺乏。

【临床症状】

幼鹌鹑发生较快，成鹌鹑发生较慢。病鹌鹑生长不良，体重下降，羽毛松乱无光泽，腿行走无力，表现特殊的外周神经麻痹或多发性神经炎，导致鹌鹑肌肉麻痹或痉挛，从趾向上发展到颈，最后头向背后

仰弯曲，呈"观星"姿势，直至瘫痪倒地。

【综合防治】

1.预防

饲料中添加维生素 B_1，保证饲料的全价性，适当增加饲料中糠麸、酵母等的用量，并合理储存饲料。

2.治疗

可在饲料中添加盐酸硫胺素片，每千克饲料添加18.0mg。严重的，可皮下或肌内注射硫胺素 $1.0 \sim 2.0mg$。

十一、鹌鹑维生素 B_2（核黄素）缺乏症

常用的禾谷类饲料中维生素 B_2 特别贫乏，当鹌鹑以禾谷类饲料为主要饲料原料时，又不注意添加维生素 B_2，则易发生缺乏症。核黄素易被紫外线、碱及重金属破坏，如饲料储存时间过长，或过分曝晒，或饲料中加入过量碱性添加剂，则大部分的维生素 B_2 将受到破坏。饲喂高脂肪、低蛋白饲粮时核黄素需要量增加。

【临床症状】

雏鹌鹑的特征性症状是"卷爪麻痹症"，病鹌鹑趾爪向内蜷缩，不能行走，两肢瘫痪，以飞节着地，双翅张开以维持身体平衡，生长缓慢，羽毛松乱无光泽，绒毛稀少。成年鹌鹑双腿分开，不能移步，病至后期，腿敞开而卧，瘫痪。产蛋母鹌鹑产蛋率下降，蛋白稀薄，蛋的孵化率低。

【综合防治】

1.预防

保证日粮中有足够的维生素 B_2；注意不同日龄及特殊饲养条件下

鹌鹑对维生素B_2需求量的增加，并及时予以补充；避免混合料中碱性物质等对维生素B_2的破坏；积极防治和消除影响维生素B_2摄入、吸收的疾病和因素。

2.治疗

每千克饲料中添加维生素B_2 2.0～5.0mg，连用2～3周。也可肌内注射0.2～0.5mg维生素B_2。但对趾爪蜷曲、腿部肌肉萎缩、卧地不起的病例疗效不佳。

十二、脂肪肝综合征

脂肪肝综合征又称脂肪肝出血综合征，其是由高能低蛋白日粮引起的以肝脏发生脂肪变性为特征的营养代谢性疾病。临床上以病鹌鹑个体肥胖，产蛋减少，个别病鹌鹑因肝功能障碍或肝破裂、出血而死亡为特征。该病主要发生于蛋鹌鹑，特别是笼养蛋鹌鹑的产蛋高峰期。

【发病原因】

该病的发生与许多因素有关，主要包括遗传、饲养管理、环境因素以及有毒物质损害等。

1.遗传因素

不同品种的鹌鹑敏感性不同，蛋鹌鹑比肉用鹌鹑发病率更高。在同一饲料和同一饲养管理条件下，由于鹌鹑的品种、品系不同，肝脂肪含量也有很大的差异。

2.饲料因素

这是导致发病的主要因素之一，主要包括：①高能低蛋白日粮及采食量过大是发生本病的主要饲料因素。②高蛋白低能饲料造成脂肪的蓄积。③胆碱、含硫氨基酸、维生素B_{12}和维生素E等缺乏。④饲料保存不当发霉变质。

3.药物和毒物的损伤

某些药物和化学毒物抑制肝内蛋白质的合成或降低体内脂肪的氧化率，使肝内脂蛋白合成减少，甘油三酯增加，形成脂肪肝，如四环素、环己烷等均可通过抑制蛋白质的合成而导致脂肪肝。

4.管理因素

运动不足可促进脂肪的沉积。如母鹌鹑笼养要比平养易发生。

5.环境因素与激素的影响

各种应激刺激如高温、突然停电、惊吓等可促进本病的发生。

【临床症状】

病初无特征性症状，只表现过度肥胖，尤其是体况良好的鹌鹑更易发病，突然暴发死亡。发病鹌鹑产蛋率减少（产蛋率常由80%以上降低至50%左右），有的停止产蛋。喜卧、腹下软绵下垂，肉髯褪色甚至苍白。严重者嗜睡，瘫痪，可在数小时内死亡。一般发病到死亡约1～2天。

【病理变化】

可见肝脏肿大，达正常的2～4倍，边缘钝圆、油腻，呈黄色，表面有出血；肝脏边缘有坏死灶，质地变脆，易破碎如泥样。腹腔有大量脂肪沉积，肠系膜等处有大量脂肪。肝破裂时，腹腔内有凝血块或在肝包膜下可见到小的出血区，亦可见有较大的血肿。

【综合防治】

① 调整饲料结构，降低日粮中的能量，增加蛋白质含量，特别是含硫氨基酸。

② 在饲料中添加胆碱、甜菜碱、蛋氨酸、维生素E、维生素B_{12}、锰和亚硒酸钠等对预防和控制脂肪肝综合征都有一定的作用。

③ 加强饲养管理，防止应激刺激。注意饲料保管，不喂发霉变质

的饲料；适当控制光照时间，保持舍内环境，尽量减少噪声、捕捉等应激因素，对防治脂肪肝综合征亦有较好的效果。

十三、热应激病

热应激病（又称中暑）是指动物受到热应激源强烈刺激而发生的一种适应性疾病或适应性综合征。临诊特征为沉郁、昏迷、呼吸促迫，心力衰竭，严重时可导致动物休克死亡。本病多发生于春末夏初，气候突然变热的季节或鹌鹑群密度过大、通风不良的鹌鹑舍，常于午夜后死亡。

【流行特点】

本病多发生于春末夏初，气候突然变热的季节，鹌鹑对突然变热的环境不适应，或全封闭鹌鹑舍突然停电，排风通风停止，或高温高湿季节。以体格肥胖的鹌鹑多发。死亡时间多在后半夜。持续数天后停止。

【临床症状】

初期病鹌鹑停食，饮水增多，排水样稀粪。呼吸急促，张口喘气，两翅抬起外展，卧地不起。后期精神沉郁，昏迷，呼吸缓慢，最后死亡。

【病理变化】

刚死不久的鹌鹑体温很高，触摸感到烫手，有人曾把温度计插入鹌鹑的胸肌中测其温度可达到 $50 \sim 60℃$。病死鹌鹑颅骨有出血点或出血斑，肺部严重淤血，胸腔、心脏周围组织呈灰红色出血性浸润，腺胃黏膜自溶，胃壁变薄，可挤出灰红色糊状物。

【综合防治】

在发病季节注意防暑降温，加强通风，同时在饮水中添加防暑降温药物、抗应激药物等。注意巡视鹌鹑群状况，添加少量饲料、补充足够饮水，让鹌鹑群稍微活动，发现病鹌鹑及时提出，放在户外或浸入冷水中，这样轻微症状的鹌鹑可以恢复健康。也可对鹌鹑群用冷水喷雾降温。

十四、鹌鹑食盐中毒

由于饲养不当，过量地饲喂咸鱼粉或饲料配比错误，致使饲料中食盐过量（含盐量超过7%）而致中毒。

【临床症状】

病鹌鹑精神不振，食欲废绝，口渴，嗉囊扩张，口鼻流出黏性分泌物，后出现运动失调，双脚无力或麻痹，继而呼吸困难，全身抽搐，最后呼吸衰竭死亡。

【病理变化】

食道、嗉囊黏膜充血，嗉囊内充满黏液，黏膜易脱落，腺胃、肠道黏膜充血，有时有出血，全身血液浓稠。

【综合防治】

1.预防

饲粮中严格控制食盐量，使用鱼粉时一定要测定含盐量，平时必须保证有充足的饮水。

2.治疗

立即停喂含盐饲料，充分供给清洁温水或灌服大量温水。病初较轻时可喂服油类泻剂，清洗嗉囊内含盐过多的内容物，可能自愈，严重的中毒则较难治愈。

十五、鹌鹑喹乙醇中毒

喹乙醇又名喹酰胺醇，具有抗菌和促进生长的作用。喹乙醇作为畜禽促生长剂和抗菌药物已在养禽业中广泛应用，但由于使用不当，中毒病例频频发生，造成较大的经济损失。

【病因】

一般保健促生长的添加量为每千克饲料15.0 ～ 40.0mg，治疗量为每吨饲料100.0g，充分拌匀后饲喂，不会引起中毒，反而有促进生长和治疗的作用。由于该药价格低廉，有些养殖户误以为剂量越大效果越好，超过正常用量的3 ～ 5倍使用或长期使用或拌料不均，会造成人为中毒。

【临床症状】

病鹌鹑精神不振，羽毛逆立，缩头，闭眼似睡，严重的卧于笼内，饮、食欲减少，甚至废绝。粪便稀薄，部分出现甩头等神经症状，口鼻积有白色黏稠液体，临死前抽搐。

【病理变化】

病死鹌鹑，皮下淤血，有小块出血斑点；心肌有出血点。肝脏肿大，色紫红，边缘有淤血或出血点，质脆易碎；脾脏肿大；肾脏肿胀、色淡，肾小管扩张，胆管肿大，有多量的尿酸盐。肠道黏膜充血、出血，脑膜出血。

【综合防治】

1.预防

不任意加大喹乙醇用量，注意混料均匀，使用一段时间停药5天。

2.治疗

停喂含有喹乙醇的饲料，并在不含喹乙醇的饲料中添加双倍量复合B族维生素和维生素C的饲料，全群供给50%的葡萄糖水溶液加0.1%维生素C混合液饮服。病重的雏鹌鹑，每只灌服3mL的50%葡萄糖水加维生素C混合液，每隔3～4h 1次。连饮2～3天可较快控制病情。

❓ 思考与训练

1.石家庄某鹌鹑养殖户所养蛋鹌鹑由于从饲料厂进的蛋鹌鹑料吃完，便自己配料饲喂鹌鹑，饲喂1个多月后所养鹌鹑发病，蛋鹌鹑产蛋明显下降，后产蛋全部停止，发病鹌鹑三百多羽，日死亡数量增至十八羽。饲养员曾使用链霉素治疗，但无效。临床症状轻者，精神委顿，食欲大减，消瘦衰弱，眼有水样分泌物。重症者，食欲废绝，极度消瘦，步态不稳，趾爪蜷缩，独自蹲伏，闭眼瞌睡，眼睑肿胀及至粘闭，翻开眼睑可见眼内含有乳白色干酪样物，其量和软硬程度不一。随干酪样物增多，眼愈肿愈甚，直至完全不能视物而无法觅食。有的发生角膜穿孔而失明。请根据所学知识，判断该群鹌鹑患了何种疾病，并提出相应的防治措施。

2.某养殖户饲养20日龄雏鹌鹑850只，2019年10月5日，该养殖户误将喹乙醇原粉当作土霉素给鹌鹑饲喂，按照1kg饲料200mg药物浓度拌料，一天后鹌鹑死亡80多只。大多数雏鹌鹑少食或不食，精神沉郁、眼半睁半闭，不愿活动。流涎、双翅下垂，临死时出现严重的神经症状，倒地。头往后仰，痉挛。剖检死鹌鹑可见口腔有多量黏液，心肌有出血点、肝脏肿大、边缘有淤血或出血点，肾肿大、充血。胆管肿大，肠道黏膜充血，出血、脑膜出血。请根据所学知识，判断该群鹌鹑患了何种疾病，并提出相应的防治措施。

单元六

现代化鹌鹑养殖设备与管理

单元提示

　　现代畜牧业的发展升级，有赖于健康养殖生产方式、现代化养殖设施和标准化养殖场建设的综合发展。现代化养殖场技术发展和产业进步，要求实现自动喂料、自动饮水、自动除粪、自动调温和自动消毒等现代生产方式，同时对生产数据进行实时分析，为养殖过程提供实时、精准的技术参数，与此同时也为畜产品的安全、可追溯及产品的价值提供技术保障。为保证鹌鹑的健康和福利，提高鹌鹑蛋、肉质量和生产效率，需要加快鹌鹑饲养方式转变，提高鹌鹑养殖的集约化、规模化，规模化养殖更需要人工智能技术的全面渗透和融合，促进生产管理技术升级革新，提升家禽生产的智能化、现代化管理水平，以"生产高效、资源节约、质量安全、环境友好"为基本目标，建设鹌鹑养殖场和准备必要设施设备。本任务的完成需要养殖户在了解选择场址要求的基础上，合理分区与布局鹌鹑场、鹌鹑舍，最后进行规模化、智能化鹌鹑场建设。现代化鹌鹑场设施设备分为智慧鹌鹑养殖系统监控管理装备、自动化饲喂设备、环控设备、自动化清粪设备、全自动捡蛋系统等。

农业农村部公布了《国家畜禽遗传资源目录》，列入33种畜禽，其中17种传统畜禽中就有鸟纲鸡形目雉科鹑属的鹌鹑。该文件首次明确了家畜家禽种类范围，补上了长期以来畜牧业管理制度的短板，明确了各畜禽的具体品种，开启了畜禽品种正面清单管理的新阶段。

鹌鹑别称鹑鸟、宛鹑、奔鹑等，为雉科鹑属候鸟，在我国的养殖时间虽然较短，但发展迅速，由于其具有产蛋多、生长快、成熟早、繁殖力强、容易饲养等特点，目前已逐渐发展成为最经济家禽之一。现代鹌鹑养殖业采用集中养殖方式，养殖密度大，管理复杂程度高，为了解决这些问题，智慧农业研究院鉴于畜禽行业发展的特点，把先进的农业物联网技术引进到生产管理过程中，使鹌鹑养殖达到了自动化、标准化和智能化，从而进一步提高了生产管理水平。智慧鹌鹑养殖技术主要采用安装与鹌鹑生长密切相关的光照、二氧化碳、空气、温湿度等传感器，通过农业物联网采集仪把数据实时地传输到物联网平台，从而实现远程数据查看和智能分析，并可实现数据报警和自动控制的功能。

一、鹌鹑养殖智慧化系统监控管理装备

现代鹌鹑场的需求主要分成三个部分：信息采集装备、自动控制装备和信息发布与远程控制与预警装备。

（一）鹌鹑养殖智慧化系统的数据采集装备

安装在鹌鹑养殖场内的采集器可以把二氧化碳浓度、光照强度以及空气温湿度等信息，通过数据报表、变化曲线和实时图像方式显示。采用视频监控技术，可直观反映鹌鹑的生长环境和动态。用户登录环境监测管理平台可以查看鹌鹑舍中任何时间段内的环境参数及直观动态，通过对数据图表的分析可追溯鹌鹑的生长环境参数，从而为用户的生产管理工作提供建议，确保鹌鹑生长在一个适宜的环境中。

（二）鹌鹑养殖智慧化系统的自动控制装备

由采集器根据目标参数及与实际参数的偏差以及室内环境的变化进行计算，实现自动控制风机、灯光、水帘等设备，从而实现通风、补光、降温，以保证鹌鹑生长所需的适宜环境。信息发布系统为大屏幕显示终端（含电视墙）。大屏幕显示终端用于实时显示养殖基地的环境测量值，可安装在监控中心或者调度室；有自动饲喂系统、自动环控系统、自动清粪系统、自动孵化系统等自动控制设备。

（三）鹌鹑养殖智慧化系统的远程控制与预警装备

根据采集到的环境参数通过智能决策管理系统，可以设置报警限值，从而实现短信报警、邮件报警和远程控制。用户在智能决策管理系统可设置每个传感器的报警限值，在超出报警限值时向预先设置的手机号码和邮箱发送报警短信和报警邮件，提醒用户可适当采取措施，以确保现场的环境条件适宜畜禽的生长。

1.全自动饲喂系统

鹌鹑场的自动供料系统和自动饲喂系统，可实现饲料从仓库到料塔，再到鹌鹑舍、饲喂器的全自动控制；鹌鹑精细饲喂系统与饲喂机器人，结合鹌鹑自动识别系统和营养管理系统，可实现高效的鹌鹑精确饲喂。（视频28）

扫一扫
观看视频28

2.智能环境监控技术的应用

鹌鹑舍的环境温度以及空气湿度等对于禽类的生长健康是非常重要的，利用人工智能技术中的传感技术能够实现自动监测环境参数，采集各项数据后将结论上传到互联网中执行自动分析过程（视频29）。这一环节不仅解决了禽舍数量太多不能全面监控环境的问题，同时也在环境异常时能够利用电脑端实施对禽

扫一扫
观看视频29

舍的远程监控与数据处理，并具有异常报警功能，可提醒管理人员采取一定措施以保证禽舍环境。

3.智能光照监控技术应用

光照强度对于鹌鹑舍来说十分重要，有些禽类对生长环境中的光照度有着严苛的要求，因此需要一套智能设备自动控制光照以减轻人工压力。智能光照监控技术的应用实现了自动控制光照强度、光照波长以及光照均匀度等，通过监测禽舍内的各项环境参数智能控制光照以保证禽类的正常生长。禽类在各个时期对光照的要求都不同，因此需要根据实际情况设定光照参数，这对于大规模的养殖场来说尤为重要，是提升养殖场效益的关键环节。

4.全自动鹌鹑蛋收集与包装机器人

应用机器人可实现从生产线捡拾鹌鹑蛋到包装箱的分拣（视频24），以及从包装箱到加工生产线的整盘上料。

5.养殖场生物安全管理智能系统

包括养殖场人员管理、车辆消毒和设备管理，病死畜禽无害化管理及生物安全管理软件等，实现检疫与隔离，卫生与消毒，灭鼠、灭蝇、灭蚊，及病死鹌鹑无害化处理等。

6.全自动粪污处理系统

禽类的粪便处理一直以来都是一个难题，尤其是对于大型养殖场来说更是如此。以智能总控为主体构建的全自动家禽粪便处理平台很好地解决了粪便处理难题，智能化实时监测养殖场的粪便储存程度，通过改造养殖场粪污处理设施，及应用畜禽养殖环境监控报警、定量饲喂和粪便自动清理（视频22），实现环境远程监测与调控等环节个性化、智能化及精准化控制。在这种粪便处理模式下不仅提高了养殖场的运行效率以及养殖效果，同时也减少了人力资源的浪费并实现了粪便的二次利用。粪便处理系统最终会将粪便发酵后变为沼气或是发酵后变为农业肥料，进一步提升了养殖业的经济收益。

（四）鹌鹑养殖智慧化农副产品质量安全追溯体系

为了强化生产经营者主体责任，农业农村部制定了《食用农产品合格证管理办法》《食用农产品市场销售质量安全监督管理办法》等，建立了食用农产品市场准入制度，即农产品销售人员和农产品进入市场时必须都要有"身份证"。目的就是为了积极推动"三品一标"产品（无公害农产品、绿色农产品、有机农产品及地理标志农产品），同时帮助企业重塑消费者信任，提高购买率，提升企业形象。

一物一码农产品追溯系统是中商网络综合利用先进的物联网、移动互联网、二维码、RFID系统（射频识别系统）等技术手段，研发的农产品安全追溯生产管理系统。它为消费者打通了一条深入了解鹌鹑生产信息可信通路，解决了供需双方信息不对称、不透明的问题，为农产品安全保驾护航。通过一蛋一码实现厂家与经销商的归属关系，方便数据分析管理，同时消费者扫码直接绑定在线购买，实现了对农业生产、流通等环节信息的溯源管理，为政府部门提供了监督、管理、支持和决策的依据，为企业建立了包含生产、物流、销售的可信流通体系，实现了农副产品"从农场到餐桌"全过程可追溯，保障了"舌尖上的安全"。

二、智慧鹌鹑养殖疾病远程网络诊断技术云平台

随着畜牧业产业结构的不断调整与转型升级，养殖户与生产企业对禽病诊断高质量的需求与日俱增。与此同时，新时代信息通信技术日新月异，现代通信网络软件和硬件设备不断更新换代。江苏省家禽科学研究所、中国农业科学院哈尔滨兽医研究所、南京农业大学、广东省农业科学院动物卫生研究所、山东省农业科学院家禽研究所，共同提出的"禽病远程网络诊断技术云平台"的构建已初步完成。

"禽病远程网络诊断技术云平台"突出了现代科技诊断技术、路径、手段和方法，强化了实验室诊断，打通了临床诊疗与实验室检测

脱节的瓶颈，引导科研人员关注一线禽病流行情况，为家禽养殖户、生产企业与禽病专家、科研人员之间进行方便、快捷、准确地诊治禽病提供了一个很好的互动平台，将对提高我国家禽养殖户、生产企业、基层兽医禽病诊疗水平，以及降低家禽生产中的疾病死淘率、提高生产效益，具有巨大的推动作用。

下面简单介绍禽类病远程网络诊断技术云平台的各组成部分及其使用流程。

1.远程诊断

远程诊断是基于专家禽病资源库，实现养殖人员、科研人员等用户的自助诊断、专家诊断、专家会诊、知识查询等。远程诊断技术将计算机领域的音频视频技术、人工智能技术、图形图像处理技术等引入到传统的疫病诊断模式中，结合现有的诊断理论和防治方法，以互联网为桥梁，实现疾病的诊断和防治。以电脑端或移动设备端为载体，搭建用户与系统、用户与专家之间的桥梁。远程诊断分为自助诊断和专家诊断。

（1）自助诊断 自助诊断是通过禽病推理机制、权重算法实现对禽病的推理诊断。用户登录系统后，首先选择禽类品种，再填写禽类的流行病学、临床症状、病理剖析等指标信息，进入自助诊断流程（见图6-1）。系统利用多媒体技术对音频、视频、图片等信息进行处理，提供常见禽病的病变图像库、禽病信息知识库供用户参考信息输入。平台根据推理算法形成初步诊断建议，对于不确定的情况进行鉴别诊断得出诊断结果及其患病概率，提供治疗与防控措施，并推荐相应的诊断专家、兽药信息等。

（2）专家诊断 专家诊断是用户与禽病诊断专家间网络沟通的平台，用户通过网上选择专家并登记家禽信息。专家可以随时通过电脑端或移动客户端接收到诊断需求，对其进行建议性指导，提供疾病处理措施和解决方案。用户可根据需要发起远程会诊申请，后台进行审

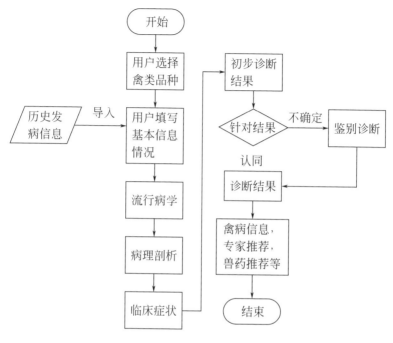

图 6-1 自助诊断流程

核通过后，与相关专家端连接，通知专家参加远程会议。专家组人员、科研机构研究人员之间针对禽病开展专项探讨、分析诊断。记录禽病专家会诊过程，根据病情需要提出相关意见，包括用药治疗意见及预防措施（见图6-2）。对于一些病情复杂不能立即作出诊断的案例，需要用户将病禽或组织病料送往实验室，借助实验，做出诊断。

2.实验室诊断

实验室诊断分为样本检测、样本实验和结果公布（见图6-3），由专业团队对禽病样品进行检测并诊断。用户登录后，可根据检测操作指南发起实验室检测申请并创建诊断单，按照提示填写相关病情信息，生成委托单。用户将待测样本送往实验室后可随时登上系统查看检测进度。同时，用户端还可查看历史诊断单。实验室收到样品检测任务

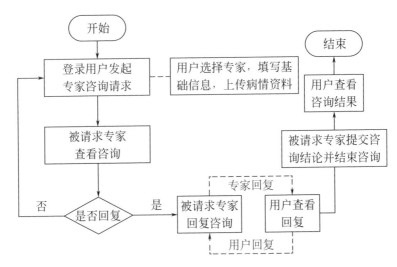

图 6-2　专家诊断流程

后，确定任务接收并发放给相关检测人员，将检测进度上传到平台，将诊断结果生成诊断单，及时发送给用户便于用户及时了解禽病信息，尽快采取相应的防控措施，减少疾病带来的经济损失。样本实验主要记录样本的实验方法、内容、结果及结论。实验室存有实验档案的管理，主要是对样本档案、实验过程与结果进行审核打印，便于样本实验信息查阅、统计与分析。

3.监测中心

监测中心分为疫源地的基础信息、疫情信息采集及疫情信息分析。建立疫源地的基础信息，不定期对疫源地进行疫情信息采集、分析，实现禽病监测分布分析。利用数据采集技术，对疫情发布网站数据进行采集。对禽病的高发时间及发展趋势进行时间分析；对疫病高发地区进行区域分析；针对疫病的高发地区、高发时间的分析结果进行禽病预警。用户可以通过网页登录或者手机GPS定位系统模块接收到对应地理位置的疫情信息并查询。

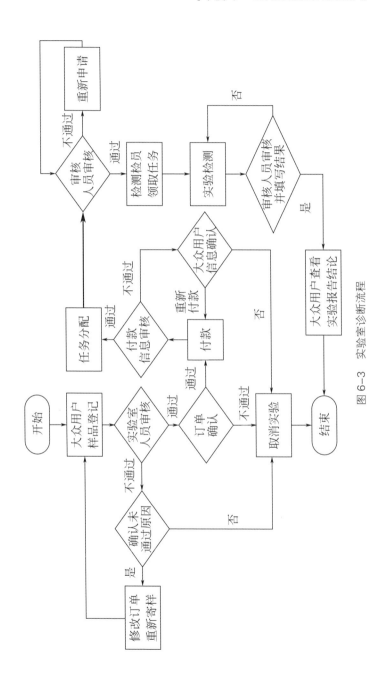

图6-3　实验室诊断流程

4.专家禽病库

专家禽病库分为专家信息库和禽病信息库。专家信息库是基于专家资料、禽病资源建立专家禽病知识系统，为禽病专家建立个人档案，记录专家研究领域、研究方向、联系方式等信息，为平台远程诊断及禽病长期研究提供数据支撑。禽病信息库是指按禽类种类，列出禽病的诊断要点，包括流行病学诊断、临床诊断、病理学诊断、实验室诊断等，给出诊断与防控措施建议，为禽病防控及生产研究等提供数据支撑。平台提供禽病信息搜索及浏览，方便用户查询，为养殖人员、科研人员等提供诊断意见。

5.平台应用总结

"禽病远程网络诊断技术云平台"由自助诊断、专家诊断、远程诊断、实验室诊断几大系统组成。自助诊断系统是通过推理规则制定，支持养殖户进行自助诊断与前期预防。养殖户将病禽的流行病学、病理剖析及临床症状等信息收集后，通过自助诊断引导方式逐步推理形成初步诊断建议，养殖户再据此进行实验室诊断准备、禽病的预防及治疗；专家诊断系统是养殖户通过网上选择专家，通过家禽养殖信息的登记，让专家可以随时通过计算机、微信接收到诊断需求，对其进行建议性指导，辅助养殖户对家禽进行诊断与管理；远程诊断系统是基于专家库、知识库，利用移动互联网通信技术在移动终端设备和视频会议上，实现专家、科研人员、养殖户对禽病集中交流、会诊与研究；实验室诊断系统是由养殖户发起申请，专业团队通过对家禽病料样本进行科学、专业的检测与分析，实现临床诊疗与实验室检测数据互联、互通。

随着畜牧业产业结构的不断调整与转型升级，养殖户与生产企业对禽病诊断高质量的需求与日俱增。与此同时，新时代信息通信技术日新月异，现代通信网络软件和硬件设备不断更新换代。因此，"禽病远程网络诊断技术云平台"一方面需结合生物安全理念，进一步完善平台的结构与功能，特别是疫病预警与上报功能，增加诊断效果反馈模块，针对不同层次的用户组建功能模块，简化手机端模块，使其更便捷、高效，提高平台的适用性与推广度，扩大专家库规模，规范诊断机构准入机制，提高诊断精准度，针对服务水平，合理优化诊断收费方式；另一方面，平台建成后，需组建有效管理团队与机制，提高平台运营水平及管理能力，为我国家禽业生产提供可持续、高质量的禽病诊断服务。

附录

附录1 鹌鹑生产性能测定

生产性能测定是家畜育种中最基本的工作之一，是其他育种工作的基础，没有动物生产性能测定，就无从获得家畜育种工作所需要的相关信息，家畜育种就变得毫无意义。

（一）生产性能和生产性能测定的概念

1.生产性能

生产性能又叫生产力，是指家畜最经济有效地生产畜产品的能力。家畜的生产性能是个体鉴定的重要内容，也是代表个体品质最有意义的指标之一，是对种畜进行遗传评估的最基本依据，也是选种过程中决定选留与否的决定因素。

2.生产性能测定

其是指对家畜个体具有特定经济价值的某一性状的表型值进行评定的一种育种措施，是育种工作的基础。

（二）生产性能测定的意义

在家畜育种中，正确评定家畜生产性能具有非常重要的意义：
① 为家畜个体的遗传评定提供基础数据，作为选留种畜的指标。
② 为估计群体经济性状的遗传参数提供信息。

③ 是评定畜群生产水平的尺度。

④ 为牧场经营管理提供信息，是组织生产的依据。生产、管理、各种制度等都是建立在家畜生产性能基础上的。

⑤ 为各类杂交组合类型间的配合力测定提供信息。

⑥ 是饲养家畜种类、品种及饲养量的依据。

⑦ 为制订育种规划提供基础信息

蛋用性能的测定

产蛋性能是蛋禽最主要的生产性能之一，它同时也决定种禽的繁殖性能，产蛋性能主要包括以下指标：

1. 产蛋数

产蛋数是指个体在一定时间范围内的产蛋总数。已经采用方便、准确的单笼测定来记录个体产蛋数。鹌鹑在65～70日龄可达产蛋高峰。

产蛋数常用的时间范围有40周龄、55周龄、72周龄等，分别表示从开产至该周龄的累积产蛋数。

在生产中，只能得到群体平均产蛋数记录，通常用以下2个指标表示：

$$饲养日产蛋数＝饲养天数 \times 产蛋总数 / 饲养日总数$$
$$入舍鸡产蛋数＝产蛋总数 / 入舍鸡数$$

饲养日产蛋数反映了实际存栏鹌鹑的平均产蛋能力，而入舍鹌鹑产蛋数则综合体现了鹌鹑群的产蛋能力和生存能力。

2. 产蛋总重（或总蛋重）

产蛋总重（或总蛋重）是指一只鹌鹑或某群鹌鹑在一定时间范围内产蛋的总重量。一般采用抽样测定。

3. 产蛋率

产蛋率即每天一群鹌鹑所产的蛋数与总的母鹌鹑的比值。鹌鹑在其产蛋期中所产蛋的蛋数并不是恒定的，一般规律是，刚产蛋时产蛋率较低，而后随着年龄的增加而迅速增加。蛋鹌鹑一般35～40日龄开始产蛋，45日龄产蛋率可达50%，65～70日龄便可达产蛋高峰，且产蛋持久性很强，12月龄前，产蛋率可一直保持在80%以上。12月龄后，产蛋率下降。

4.蛋重

蛋重即单个蛋的重量，应取新鲜蛋（不超过24h）称重。

5.蛋品质

主要指蛋壳强度、蛋白品质、蛋中血斑和肉斑的含量、蛋形指数、蛋壳颜色等。这些指标通常需要特定的仪器测定，且工作量较大，故一般只作抽样测定。

6.产蛋期料蛋比

指产蛋期耗料量除以总产蛋重，即每产1kg蛋所消耗的饲料量。计算公式为：

$$料蛋比 = 产蛋期耗料量（kg）/ 总产蛋重（kg）$$

繁殖性能的测定

动物的繁殖性能是指动物在正常生殖机能条件下，生育繁衍后代的能力。对种用动物来讲，繁殖性能就是生产力，它直接影响生产水平的高低和发展。种用雄性动物的繁殖性能主要表现在精液的数量、质量、性欲、与雌性动物的交配能力及受胎能力；雌性动物的繁殖性能主要是指成熟的迟早、发情周期正常与否和发情表现、排卵多少、卵子的受精能力、妊娠能力及哺育幼龄动物的能力等。

1.受精率

受精率指入孵蛋中受精蛋所占比例，它受公鹌鹑的精液品质、精液处置方法、授精方法、母鹌鹑生殖道内环境等因素的影响，是一个综合性状，但主要用于度量公鹌鹑繁殖性能。

2.孵化率

孵化率是指种蛋孵化后出壳的雏鹌鹑所占的比例，又分为入孵蛋孵化率和受精蛋孵化率。它主要受种蛋质量和孵化条件的影响，主要用来反映母鹌鹑的繁殖性能。

（1）受精蛋孵化率＝出雏数／受精蛋数×100%

雏禽数应包括健康雏鹌鹑以及弱、残和死雏鹌鹑。

（2）入孵蛋孵化率＝出雏数／入孵蛋数×100%

高水平达到87%以上，该项指标反映了种禽繁殖场和孵化厂的综合水平。

3.健雏率

健雏率指健康新生雏数占出雏数的百分比。健雏指适时出壳，绒羽正常，脐部愈合良好，精神活泼，无畸形。计算公式为：

$$健雏率＝健雏数／出雏数×100\%$$

4.死胎率

死胎蛋占受精蛋的百分比。死胎蛋一般指出雏结束后扫盘时的未出壳的胚蛋。

肉用性能测定

肉禽的肉用性能测定主要包括生长性能测定和屠宰性能测定。

（一）生长性能测定

1.体重

主要指不同周龄时肉禽的体重。对于肉鹌鹑来说，这是很重要的经济指标，但它对蛋鹌鹑也很重要，因为它一方面与蛋重有关，更重要的是它与料蛋比密切相关，体重过大，维持用的饲料就多，导致料蛋比上升。

2.增重

增重是指肉禽在一定年龄段内体重的增量，它与体重高度相关，是肉鹌鹑中最重要的选择指标，通常用在测定期中的平均日增重或达到一定体重的日龄来衡量增重速度。

3.料重比

料重比是指在一定的年龄段内饲料消耗量与增重之比。只能对有限数量的公鹌鹑进行阶段耗料量的测定（单笼饲养），或以家系为单位集中饲养在小笼内，测定家系耗料量。

（二）屠宰性能

1.活重

活重指在屠宰前停饲6h后的体重。以kg为单位。

2.屠体重

屠体重是指鹌鹑屠宰放血以及去羽毛、脚角质层、趾层和壳层后的重量（湿拔法需沥干后再称重）。

$$屠宰率＝屠体重／活重\times100\%$$

3.半净膛重

屠体去气管、食道、嗉囊、肠道、脾脏、胰脏和生殖器官，留心、肝（去胆囊）、胃、腹脂（包括腹部皮下脂肪和肌胃周围脂肪）和肺、肾脏（肺脏、肾脏因嵌入背椎肋和腰椎之间，不易去除）的重量。

$$半净膛重率＝半净膛重／活重\times100\%$$

4.全净膛重

半净膛重除去心、肝、腺胃、肌胃、腹脂和头、颈、脚的重量（鹌鹑保留头、颈、脚）。

$$全净膛重率＝全净膛重／活重\times100\%$$

5.腿肌重

去腿骨、皮肤、皮下脂肪后的全部腿肌重。

$$腿肌率＝腿肌重 / 全净膛重 \times 100\%$$

6.胸肌重

沿着胸骨脊切开皮肤并向背部剥离，用刀切离附着于胸骨脊侧面的肌肉和肩胛部肌腱，即可将整块去皮的胸肌剥离，然后称重。

$$胸肌率＝胸肌重 / 全净膛重 \times 100\%$$

7.腹脂重

腹部脂肪和肌胃周围的脂肪重量。

$$腹脂率＝腹脂重 / 全净膛重 \times 100\%$$

8.瘦肉重

两侧胸肌和两侧腿肌重量。

$$瘦肉率＝瘦肉重 / 全净膛重 \times 100\%$$

9.皮脂重

皮、皮下脂肪和腹脂重量。

$$皮脂率＝皮脂重 / 全净膛重 \times 100\%$$

附录2　蛋用型鹌鹑饲养管理技术规程

DB 13/T 566—2004

（河北省质量技术监督局　2004-07-05发布　2004-07-05实施）

1　范围

本标准规定了蛋用型鹌鹑的场舍环境要求、品种选择与引进、饲料、饲养管理、疫病防治、资料记录各环节的控制。

本标准适用于蛋用型鹌鹑规模养殖场（户）。

2 规范性引用文件

下列文件通过本规范的引用而成为本规范的条款。凡是注日期的引用文件，其随后所有的修改单（不包括勘误的内容）或修订版均不适用于本标准，然而，鼓励根据本标准达成协议的各方研究是否可使用这些文件的最新版本。凡是不注日期的引用文件，其最新版本适用于本标准。

GB 13078 饲料卫生标准

GB 16548 畜禽病害肉尸及其产品无害化处理规范

GB 16567 种畜禽调运检疫技术规范

GB/T 18407.3 无公害畜禽肉产地环境要求

GB 18596 畜禽养殖业污染物排放标准

NY 5027 畜禽饮用水水质

3 场舍环境要求

3.1 场址选择

3.1.1 鹑场环境应符合GB/T 18407.3的规定。

3.1.2 地势高燥，背风向阳，排水良好，土质清洁无污染。

3.1.3 环境安静，场址周围500m内无化工厂、采矿场、皮革厂、屠宰加工厂等污染源。

3.1.4 交通方便，距干线公路、铁路、城镇、居民区和公共场所500m以上。

3.1.5 水源充足，水质应符合NY 5027的要求。

3.2 场区布局

3.2.1 生产区与生活区分开，生活区在上风向、生产区在下风向，雏鹌鹑、成年鹌鹑要分开饲养。

3.2.2 废弃物处理区设在下风向，距鹑舍50m以上。

3.2.3 场区内净道与污道分开。

3.2.4　鹑场周围应设围墙和绿化隔离带。

3.3　鹑舍基本要求

3.3.1　鹑舍建筑宜采用双坡式房舍，跨度6～9m，檐高2.5～3.0m，保温隔热性能好，地面和墙壁光滑平整，便于消毒和排水。并具备良好的防鸟、防鼠及防虫设施。

3.3.2　鹑舍内通风良好，空气质量应符合GB/T 18407.3的要求。

4　品种选择与引进

4.1　蛋用型鹌鹑应选择朝鲜鹌鹑、中国白羽鹌鹑、黄羽鹌鹑或自别雌雄配套品系等优良品种。

4.2　引进种鹑和商品雏鹑，应选择具有《种畜禽生产经营许可证》和《动物防疫合格证》的种鹑场，并按照GB 16567的规定进行检疫。

5　饲料

5.1　饲料原料应来自水源、空气、土壤无污染地区，无发霉、变质、结块及异嗅、异味。

5.2　选用的饲料添加剂应是《允许使用的饲料添加剂品种目录》所规定的品种，药物饲料添加剂的使用应按照《药物饲料添加剂使用规范》执行。

5.3　饲料和饲料添加剂的卫生指标应符合GB 13078的规定。

6　饲养管理

6.1　一般饲养管理

6.1.1　采用舍内立体笼养的饲养方式。

6.1.2　每天早晨细心观察鹌鹑群健康状态、采食状况及粪便，发现异常及时处理。

6.1.3　保证充足供应饲料和饮水。

6.1.4　检查和调整舍内温度、湿度、通风和光照。

6.1.5　注意调整饲养密度，及时淘汰病雏、弱雏。

6.1.6　每日清扫鹑舍，保持料槽、水槽等用具干净和地面清洁。

6.1.7　注意保持饲养舍周围环境安静，管理制度化。

6.1.8 做好防鼠害、防蚊蝇等工作。

6.2 育雏育成期饲养管理

6.2.1 温度

育雏育成期鹑舍的温度应符合表1的规定。

表1 育雏育成期鹑舍的适宜温度

日龄	温度	日龄	温度
1～3日龄	35～37℃	15～21日龄	25～28℃
4～7日龄	33～35℃	22～28日龄	21～24℃
8～14日龄	29～32℃	28日龄后	20～24℃

6.2.2 相对湿度

1周龄65%～70%，2周龄后50%～60%。

6.2.3 饲养密度

笼养鹌鹑饲养密度应在120～200只/m²。

6.2.4 通风换气

舍内空气应符合GB/T 18407.3的要求，通风时要注意避免冷空气直接吹到鹌鹑身上。

6.2.5 光照制度

1～3日龄每天光照24h，光照强度10.0 lx；3～10日龄逐渐减少光照至每天14～15h，光照强度5.0 lx；10日龄后保持光照每天14～15h，光照强度5.0 lx。

6.2.6 饮水

初生雏应在出壳24h内开始饮水，最初可饮用0.01%高锰酸钾水或5%～8%糖水。整个饲养期要不间断供水，自由饮用。

6.2.7 饲喂

开饮后饲喂，最初每天喂6～8次。1～20日龄自由采食，21～40日龄限制饲喂。

6.3 产蛋期饲养管理

6.3.1 转群

在35～40日龄进行转群。

6.3.2 饲喂

从转群开始由育成期饲料过渡为产蛋期饲料。喂料可采用定时定量制，每日喂3～4次；或自由采食制，少喂勤添，槽中不断料。产蛋期鹌鹑每天每只消耗配合饲料25.0～30.0g。

6.3.3 补喂砂砾

在配合饲料中需加入0.5%～1%的不溶性砂砾，或直接投放在料槽中自由采食。

6.3.4 光照

转群后逐渐增加光照时间，达到每天16～17h，光照强度10.0 lx。

6.3.5 集蛋

一般每天收集鹌鹑蛋1～2次，夏季增加至每天2～3次。

6.3.6 防止应激

保持舍内温度、光照、密度适宜，环境安静。

7 疫病防治

7.1 一般措施

7.1.1 鹌鹑场工作人员定期进行健康检查，患传染病者不准从事饲养工作。

7.1.2 坚持"全进全出"的饲养制度。

7.1.3 严禁其他畜禽和动物进入场区。

7.2 免疫接种

7.2.1 根据本地流行病学制定适宜的免疫程序。

7.2.2 选择使用具有批准文号的疫苗。

7.3 消毒

7.3.1 环境消毒

场区、道路和鹑舍周围环境定期消毒。废弃物处理区、下水道出口每月消毒1次。消毒池定期更换消毒液。

7.3.2 鹑舍消毒

空舍后应彻底冲洗、消毒，饲养鹌鹑时应每周用药液喷雾消毒一次。

7.3.3 用具消毒

饲槽、水槽、料车等饲养用具要定期消毒。

7.4 无害化处理

7.4.1 严禁在舍内屠杀病、死鹌鹑。因传染病和其他需要处死的病鹌鹑，应在指定地点进行扑杀，尸体应按GB 16548的规定处理。

7.4.2 鹑场废弃物进行无害化处理。

7.4.3 鹑场污染物排放应符合GB 18596的规定。

8 资料记录

每批鹌鹑都要有准确、完整的记录资料。内容包括引种购雏、饲料生产、免疫档案、防病用药、产蛋、出售及其他饲养日记等。所有资料记录应妥善保存。

附录3 蛋用鹌鹑养殖技术规程

DB 41/T 1065—2015

（河南省质量技术监督局 2015-05-15发布 2015-08-15实施）

1 范围

本标准规定了蛋用鹌鹑养殖的场地与设施、种源、饲料与营养、饲养管理、疫病防控、蛋品管理、废弃物处理和养殖档案。

本标准适用于从事蛋用鹌鹑（以下简称鹌鹑）商品蛋生产的养殖场（户）。

2 规范性引用文件

下列文件对于本文件的应用是必不可少的。凡是注日期的引用文件，仅注日期的版本适用于本文件。凡是不注日期的引用文件，其最新版本（包括所有的修改单）适用于本文件。

GB 13078—2001　饲料卫生标准

GB 16548—2006　病害动物和病害动物产品生物安全处理规程

GB 16567—1996　种畜禽调运检疫技术规范

GB 18596—2001　畜禽养殖业污染物排放标准

NY 525—2012　有机肥料

NY/T 682—2003　畜禽场场区设计技术规范

NY/T 1167—2006　畜禽场环境质量及卫生控制规范

NY/T 1168—2006　畜禽粪便无害化处理技术规范

NY 5041—2001　无公害食品 蛋鸡饲养兽医防疫准则

农业部令2014第1号《饲料质量安全管理规范》 农业部公告第2038号 《饲料原料目录（2014)》

农业部公告第1224号 《饲料添加剂安全使用规范（2009)》

农业部公告第2045号 《饲料添加剂品种目录（2013)》

3 场地与设施

3.1 场址选择

场址选择按NY/T 682—2003的规定，环境应符合NY/T 1167—2006的规定。

3.2 场区布局

3.2.1 总体规划

场区规划应符合NY/T 682—2003的规定。

3.2.2 功能分区

场内办公区、生活区、生产区和废弃物处理区按照主导风向、地势高低、水流方向依次布局，各区之间保持适当的间隔。

3.2.3 场区道路

场内净道与污道应互不交叉。

3.2.4 雨污分流

场区雨水与生产区污水应实行分流。

3.3 鹌鹑舍

3.3.1 鹌鹑舍配比

采用两段式饲养，育雏育成舍与产蛋舍的比例为1∶3；采用三段式饲养，育雏舍、育成舍与产蛋舍的比例为1∶2∶6。

3.3.2 鹌鹑舍类型

鹌鹑舍可分为密闭式、开放式和半开放式。密闭式鹌鹑舍内部环境全部依靠人工控制，开放式和半开放式鹌鹑舍采用自然和人工辅助控制相结合。屋顶形式有拱形顶、人字梁顶和楼房式平顶等。密闭式鹌鹑舍具有环境控制好、有利于疫病防控、生产水平高的特点，适宜大规模推广。在不具备建设密闭式鹌鹑舍情况下，适宜推广开放式和半开放式鹌鹑舍。

3.3.3 鹌鹑舍朝向与间隔

鹌鹑舍宜坐北朝南或坐西北朝东南。育雏育成、产蛋鹌鹑舍间隔20m左右，同类型生产阶段的鹌鹑舍间隔10～15m。

3.3.4 通风与采光

鹌鹑舍内通风良好，空气质量符合NY/T 1167—2006的要求。密闭式鹌鹑舍应在两侧墙上安装通风应急窗，采用负压通风方式。窗户面积与室内面积之比以1∶5为宜。窗户宜装窗纱，以防蚊蝇。

3.3.5 鹌鹑舍规格

单栋鹌鹑舍的舍长以30.0～40.0m为宜，檐高2.8～3.0m，舍宽根据笼具型号和笼具列数确定。

3.4 配套设施

3.4.1 隔离设施

鹌鹑场生产区设防疫围墙、防疫沟和绿化隔离带。

3.4.2 饲料加工与饲养设施

规模较大的养殖场可配备饲料加工设备、自动喂料设备、自动饮水设备和饲料运输车等。鹌鹑舍配备笼具、饲槽、饮水器、饲料运输箱、集蛋箱等。

3.4.3 环境控制设备

鹌鹑舍配备通风、采光、温度、湿度和空气净化等调控设备，大型鹌鹑场可配备自动化调控装置。鹌鹑舍具备良好的防鸟、防鼠及防虫设施。

3.4.4 粪便清除及处理设施

鹌鹑场内要配备清粪设备，大型鹌鹑场可配备自动化清粪设备和鹌鹑粪加工设备。有固定的粪便储存、堆放设施和场所，储存场所有防雨、防止粪液渗漏和溢流等设施。

3.4.5 消毒设施

鹌鹑场大门口、生产区出入口、鹌鹑舍出入口设消毒池或人行消毒通道。鹌鹑场大门口消毒池深20.0～30.0cm、宽3.5～4.0m、长5.0～7.0m。鹌鹑场生产区出入口不便于设洗澡更衣室情况下，应设消毒池+自动喷雾消毒装置。每栋鹌鹑舍出入口设脚踏消毒池（盆）。

3.4.6 保障设施

鹌鹑场内要配备发电设备，以防停电。有条件的鹌鹑场在主要生产和管理区可安装监控设备，以观察鹌鹑生产状况。

4 种源

4.1 品种选择

种源应是通过国家畜禽遗传资源委员会审定或者鉴定的品种、配套系，或者是经批准引进的境外品种、配套系。选择朝鲜鹌鹑、日本鹌鹑、爱沙尼亚鹌鹑、北京白羽鹌鹑、中国黄羽鹌鹑、蛋用鹌鹑栗羽Ⅱ系、蛋用鹌鹑黄羽Ⅱ系及其上述品种或品系组成的自别雌雄配套系。

4.2 引种

饲养者可向具有《种畜禽生产经营许可证》和《动物防疫条件合格证》的种鹌鹑场购买种苗或商品苗从事蛋用鹌鹑生产，并按GB

16567—1996的规定进行检疫。

5 饲料

5.1 营养指标

商品代鹌鹑的营养指标见表1。

表1 商品代鹌鹑的营养指标推荐量

生产阶段	禽代谢能 （≥）/MJ/kg	粗蛋白 （≥）/%	粗纤维 （≤）/%	钙/%	总磷 （≥）/%	食盐/%
1～3周龄	12.35	24.0	4	0.7～1.0	0.7	0.3～0.8
4～5周龄	11.72	20.0	6	0.6～0.8	0.6	0.3～0.8
6周龄～淘汰	12.20	23.0	5	1.8～3.5	0.6	0.3～0.8

5.2 饲料

饲料原料应是《饲料原料目录》规定的品种。饲料质量按《饲料质量安全管理规范》执行，卫生指标应符合GB 13078—2001的规定。

5.3 添加剂

饲料添加剂应符合《饲料添加剂安全使用规范（2009）》和《饲料添加剂品种目录（2013）》规定的品种。

6 饲养管理

6.1 育雏、育成期饲养管理

鹌鹑的饲养可分为育雏期（1～3周龄）、育成期（4～5周龄）和产蛋期（6周龄～淘汰）。根据生产条件可实行按两阶段饲养或三阶段饲养。

6.1.1 入舍前准备

雏鹑入舍前，检查鹌鹑舍通风、保暖设备是否符合饲养要求。接雏前一天，舍内温度升至35～37℃，相对湿度65%～70%。备好育雏需要的饲料、水、药物和消毒用具等。

6.1.2 温度

朝鲜鹌鹑等有色羽鹌鹑育雏、育成的温度参照表2。北京白羽鹌鹑及其配套系杂种白羽鹌鹑在同一育雏阶段可提高1℃。在育雏舍或育雏器内适当位置悬挂温度计，以便随时观察温度。

表2 育雏、育成的适宜温度和饲养密度

日龄 /d	温度 /℃	饲养密度（笼底面积）/（只 /m²）
1～3	38～40	150～200
4～7	35～37	150～200
8～14	31～33	120～150
15～21	25～28	100～120
22～28	21～24	80～100
29 日龄后	20～24	60～70

6.1.3　相对湿度

1周龄65%～70%，2周龄后50%～60%。通过喷雾、洒水和通风等措施调节湿度。

6.1.4　饲养密度

笼养条件下，合适的饲养密度参见表2。平养条件下以及在夏季和通风不良时密度可适当降低。饲养过程中结合鹌鹑体格大小和强弱适当调整密度。

6.1.5　通风换气

通过自然通风或机械通风调节舍内空气质量，空气质量应符合NY/T 1167—2006的要求。

6.1.6　光照制度

对于朝鲜鹌鹑等有色羽鹌鹑，1周龄每天光照24h，光照强度10 lx（2.7W/m²，40W日光灯距离鹑体高度1.4m）；7～14日龄逐渐减少光照时间和强度，每天14～15h光照，光照强度5 lx（1.35W/m²，40W日光灯距离鹑体的高度1.4m）；以后保持光照时间和强度不变。北京白羽鹌鹑以及配套系杂种白羽鹌鹑的管理是适当降低光照强度。

6.1.7　饮水

初生雏应在出壳24h内开始饮水。自由饮水，保证水源充足、洁净。

6.1.8 分群

如饲养的为经过羽色自别雌雄后的商品母鹑，在饲养过程中应根据鹌鹑体格大小和强弱进行分群，把弱小的雏鹑放在笼的上层、强壮的雏鹑放在笼的下层。如饲养的为同一品种或品系的种鹌鹑且早期没有经过雌雄鉴别，除进行大小和强弱分群外，到25～30日龄，还应根据鹌鹑羽毛的性别特征将公母分开，母鹑用于产蛋，公鹑用于育肥；对混进母鹑群内的公鹑，应随时发现随时剔除。

6.1.9 饲喂

鹌鹑开饮后1.0～1.5h饲喂，1～20日龄，鹌鹑自由采食。21～40日龄对仔鹑采用限制饲喂。限制方法是适当降低日粮的粗蛋白水平，或控制喂料量，如按前期的营养水平，饲喂标准量的90%即可，使性成熟控制在40～45日龄。

6.2 产蛋期饲养管理

6.2.1 转群

在35～40日龄进行转群。

6.2.2 温度和湿度

鹌鹑舍内温度应控制在20～22℃，相对湿度40%～60%。冬季要做好加热保温工作，杜绝贼风；夏季要搞好防暑降温工作。

6.2.3 饲喂

从转群开始由育成期饲料过渡5～7天改为产蛋期饲料。鹌鹑自由采食和饮水，少喂勤添，按时补料。

6.2.4 光照

转群后逐渐增加光照时间，每周增加0.5h，达到每天16～18h，光照强度10 lx并保持稳定。

6.2.5 集蛋

一般每天收集鹑蛋2～3次，夏季每天3～4次。

6.2.6 防止应激

保持舍内温度、光照、密度适宜；环境安静，防止惊群；保证配合饲料供给。

6.2.7　卫生管理

及时清粪，保证舍内清洁卫生。

7　疫病防控

7.1　一般要求

7.1.1　防控程序

按照NY 5041—2001标准执行。

7.1.2　全进全出制

坚持"全进全出"的饲养制度。每饲养一批鹌鹑后，空舍期不少于2周。在空舍期内，按程序对舍内进行清洁消毒。

7.2　免疫

7.2.1　加强免疫

根据当地疫病流行情况，做好疫情监测，执行完善的免疫程序。选择有农业部批准文号的疫苗进行接种，免疫程序按表3进行。60日龄以后每2个月饮水免疫一次TV系新城疫疫苗。

表3　蛋用鹌鹑的免疫程序

免疫日龄	免疫项目	疫苗名称	接种方法	说明
1	马立克病	HVT活苗	颈部皮下注射	需专用稀释液稀释
7	新城疫	IV系苗	点眼	—
10	禽流感	H_5N_1苗	颈部皮下注射	—
18	传染性法氏囊	弱毒苗	饮水	—
25	新城疫	油乳剂灭活苗	颈部皮下注射	—
60	禽霍乱	油乳剂灭活苗	皮下注射	

7.2.2　抗体检测

定期进行抗体检测。

7.3　卫生消毒

鹌鹑场应建立消毒制度，按NY/T 1167—2006的规定定期开展卫生消毒。消毒剂对人和鹌鹑安全、对设备没有破坏性、没有残留毒性。进出车辆和人员应严格消毒。

7.3.1 环境消毒

场区、道路和鹌鹑舍周围环境每2～3周消毒一次；场周围及场内污水池、排粪坑、下水道出口每月消毒1次。在大门口设消毒池。

7.3.2 入口消毒

工作人员进入生产区要更衣和消毒。饲养员应定期进行健康检查，传染病患者不得从事养殖工作。饲养人员不得串岗、擅自离开饲养场。离场后，需经洗浴、更衣、消毒后方可重新进场。

7.3.3 鹌鹑舍消毒

进场或转群前对鹌鹑舍彻底清洗、消毒。饲养期间定期进行带鹌鹑消毒，消毒时要避免消毒剂喷洒到鹌鹑蛋表面。

7.3.4 物品消毒

定期对蛋箱、蛋盘、喂料器、饮水器等用具进行清洗、消毒。

8 蛋品管理

8.1 蛋品分拣

收集蛋品时应及时将破壳蛋、软壳蛋、异形蛋分拣另存，将合格蛋装箱保存或运输。每更换使用一个批次的饲料后，对鲜蛋应抽样分析，检验抗生素、农药、重金属、微生物、苏丹红、三聚氰胺等有害成分是否含有或超标。

8.2 蛋品存放

蛋品收集后应尽快将鲜蛋交送蛋品加工机构。确需存放，应在温度2～18℃、相对湿度70%～80%的条件下，存放时间一般不超过一周。

8.3 蛋品运输

鲜蛋运输应避免高温、暴晒、雨淋；运输途中防止颠簸和剧烈震动。

9 废弃物处理

9.1 粪便处理

粪便按NY/T 1168—2006的规定进行处理。高温堆肥处理的粪便应符合NY 525—2012的规定。

9.2 污水处理

场区污水采用暗管排放，经过3～4级沉淀池沉淀，污水排放符合GB 18596—2001的规定。

9.3 病、死鹌鹑处理

严禁在鹌鹑舍内屠杀病、死鹌鹑。传染病致死的鹌鹑及因病扑杀的鹌鹑死尸应按GB 16548—2006规定进行无害化处理。

10 养殖档案

10.1 记录内容

饲养每批鹌鹑都应有准确、完整的记录，记录内容参见附录A。

10.2 保存时间

各项养殖档案和记录应保存两年。

附录A

（资料性附录）

蛋用鹌鹑生产记录

表A.1给出了蛋用鹌鹑生产记录表。

表 A.1 蛋用鹌鹑生产性能记录表

日期	日龄	存栏数/只	死淘数/只	次蛋数/枚	总产蛋数/枚	平均产蛋率/%	平均蛋重/（g/枚）	耗料量/[g/（只·d）]

表A.2给出了蛋用鹌鹑免疫记录表。

表 A.2　蛋用鹌鹑免疫记录表

时间	舍号	存栏数量	免疫数量	疫苗名称	疫苗生产厂家	批号（有效期）	免疫方法	免疫	免疫人员	备注

表A.3给出了蛋用鹌鹑生产兽药使用记录表。

表 A.3　蛋用鹌鹑生产兽药使用记录表

使用时间	投入品名称	通用名称	剂型	规格	有效期	生产厂家	供货单位	批号/生产日期	用量	停止使用时间	备注

表A.4给出了蛋用鹌鹑抗体检测记录表。

表A.4 蛋用鹌鹑抗体检测记录表

采样日期	鹌鹑舍①	采样数量	监测项目②	监测单位③	监测结果④	处理情况⑤	备注

① 填写饲养的鹑舍编号或名称。

② 填写具体的内容如新城疫抗体监测。

③ 填写实施监测的单位名称，如某某动物疫病预防控制中心；企业自行监测的填写自检。

④ 填写具体的监测结果，如阴性、阳性、抗体效价数等。

⑤ 填写依据监测结果对鹌鹑采取的处理方法。

附录4 蛋用型鹌鹑规模化生产技术规范

DB 3302/T 186—2018

（宁波市质量技术监督局 2018-12-26发布 2019-01-26实施）

1 范围

本标准规定了蛋用型鹌鹑规模化生产的环境要求、引种、饲料、饲养管理、卫生管理和生产记录。

本标准适用于蛋用型鹌鹑规模化生产的养殖场（户）。

2 规范性引用文件

下列文件对于本文件的应用是必不可少的。凡是注日期的引用文件，仅所注日期的版本适用于本文件。凡是不注日期的引用文件，其最新版本（包括所有的修改单）适用于本文件。

GB 13078　饲料卫生标准

GB 18596　畜禽养殖业污染物排放标准

NY/T 388　畜禽场环境质量标准

NY 764　高致病性禽流感　疫情判定及扑灭技术规范

NY/T 2664　标准化养殖场蛋鸡

中华人民共和国农业部第105号公告　《允许使用的饲料添加剂品种目录》

中华人民共和国农业部第168号公告　《药物饲料添加剂使用规范》

中华人民共和国农业部第220号公告　《中华人民共和国兽药规范》

3　术语和定义

下列术语与定义适用于本文件。

3.1　育雏期

从出壳到21d阶段。

3.2　育成期

从22～35d阶段。

3.3　产蛋期

从36d转群后进入产蛋舍至产蛋期结束。

3.4　开产日龄

个体以产第一个蛋的日龄，群体按日产蛋率达50%的日龄。

4　环境要求

4.1　场址选择

4.1.1　鹌鹑养殖场（以下简称鹌鹑场）应符合动物防疫条件，并取得《动物防疫条件合格证》。

4.1.2　鹌鹑场应距离生活饮用水源地、居民区、畜禽屠宰加工、交易场所和主要交通干线500m以上，其他畜禽养殖场1000m以上。地势高燥，背风向阳，排水良好，交通便利，环境安静，符合NY/T 2664

的规定。

4.1.3　鹌鹑场应有充足和清洁的饮水及电力供应。

4.2　场区布局

4.2.1　鹌鹑场的生产区应布局在生活区的下风向、管理区的上风向，生产区与生活区、管理区应设有围墙或绿化隔离带。

4.2.2　场区内的净道与污道应分开，清粪排污系统良好。

4.2.3　鹌鹑场应建有消毒室、兽医室、隔离舍、病死鹌鹑储存和废弃物处理区。病死鹌鹑储存和废弃物处理区应设在生产区的下风向，距鹑舍50m以上。

4.2.4　鹌鹑场的废弃物应实行减量化、无害化、资源化处理。场内应建立雨污分离设施，并在病死鹌鹑储存和废弃物处理区建立与生产规模相配套的防雨、防渗漏的堆粪棚以及污水污物清除、发酵处理等排污处理设施。污物排放符合GB 18596的规定。

4.2.5　鹌鹑场的环境质量应符合NY/T 388的规定。

4.3　鹑舍

4.3.1　鹑舍应坐北朝南，利于保温、防暑和通风换气，有防蝇、防鼠设施。

4.3.2　鹑舍内空气质量应符合NY/T 388的要求。

4.3.3　鹑舍应配有固定电源，以补充光照和加热供暖；育雏育成舍应备有自备电源。

4.3.4　鹑舍内宜为水泥地，并留足下水道口。

5　引种

5.1　引进商品雏鹌鹑时，应选择具有《种畜禽生产经营许可证》和《动物防疫条件合格证》的种鹌鹑场，且该场无鹌鹑白痢、新城疫、禽流感等疫病，并按照规定进行检疫。

5.2　引进商品鹌鹑应隔离观察15～20d，并经兽医检查确认为健康合格。

5.3　不应从疫区引种。

6　饲料

6.1　饲料原料应来自水源、空气、土壤无污染地区，无发霉、变质、结块及异嗅、异味，符合GB 13078的规定。

6.2　选用的饲料添加剂应为中华人民共和国农业部第105号公告所规定的品种，药物饲料添加剂的使用应按照中华人民共和国农业部第168号公告的规定执行。

7　饲养管理

7.1　育雏育成期饲养管理

7.1.1　饲养方式

采用笼养或平养+笼养相结合的饲养方式。集约化养殖宜采用层叠式养殖方式。

7.1.2　育雏育成笼

供出壳～5周龄雏鹑用，3～4层，每层间留5～10cm，底层离地面30cm，规格为长200cm、宽100cm、高40cm，底网为8mm×8mm，金属热镀锌活动网桥，网底设承粪盘。

7.1.3　进雏

7.1.3.1　进雏前1周应对鹑舍彻底清洗消毒，可采用福尔马林熏蒸消毒。进雏前1天应检查鹑舍温度、湿度和育雏育成笼或育雏器温度。

7.1.3.2　雏鹑运至舍内应尽快分散至育雏育成笼内，待安静下来即可饮水。天冷时应用温开水，初饮可饮用0.01%高锰酸钾水或5%～8%糖水及维生素制剂等，2h左右开食。

7.1.4　开食与饲喂

7.1.4.1　开食

采用雏鹑专用饲料，开食料可拌少量水分湿喂，也可干喂。

对于不会采食的雏鹑应加以训练，方法是将饲料撒在纸面或无毒塑料膜上，把不会采食的雏鹑放在上面，用手轻轻敲打纸面或塑料膜，诱导其采食。

7.1.4.2　饲喂

育雏育成期鹌鹑饲料的饲喂量参照表1。

表1　育雏育成期鹌鹑饲料饲喂量

日龄	平均每只每天饲喂量	日龄	平均每只每天饲喂量
1～20日龄	自由采食	28～35日龄	16～19g
21～27日龄	12～14g	36～42日龄	18～21g

7.1.5　饲养密度

饲养密度按以下要求执行：

——平养：60～120只/m^2；

——笼养：120～160只/m^2。

7.1.6　温度

育雏育成期鹑舍的温度应符合表2的规定。

表2　育雏育成期鹑舍适宜温度

日龄	温度	日龄	温度
1～3日龄	38～36℃	15～21日龄	28～25℃
4～7日龄	36～35℃	22～28日龄	24～21℃
8～14日龄	35～29℃	28日龄后	25～20℃

7.1.7　相对湿度

相对湿度按以下要求执行：

——0～1周龄：60%～65%；

——2周龄后：50%～60%。

7.1.8　光照

光照按以下要求执行：

——1～3日龄每天光照24h，光照强度10～20 lx；

——3～10日龄逐渐减少光照至每天14～15h，光照强度5～10 lx；

——10日龄后保持光照每天10～12h，光照强度5～10 lx。

7.1.9　通风

舍内通风时应避免冷空气直接吹到鹌鹑身上。

7.1.10　营养需要

营养需要见附录A。

7.1.11　管理要求

7.1.11.1　每天早晨细心观察鹌鹑群健康状态、采食状况及粪便，发现异常及时处理。

7.1.11.2　保证充足供应饲料和饮水。

7.1.11.3　检查和调整舍内温度、湿度、通风和光照。

7.1.11.4　注意调整饲养密度，及时淘汰病雏、弱雏。

7.1.11.5　定期抽样称重，及时调整饲养管理措施，并统计饲料消耗及周龄成活率等。

7.1.11.6　保持料槽、水槽等用具干净和地面清洁。

7.1.11.7　舍内安装10W左右的节能灯，用于夜间照明。

7.1.11.8　做好防鼠害、防蚊蝇等工作。

7.1.11.9　做好定期驱虫工作，用伊维菌素、丙硫咪唑等，用法和用量按照说明书。

7.2　产蛋期饲养管理

7.2.1　饲养方式

采用层叠式笼养。笼具一层一层叠加起来，最高可达6层，配置自动喂料、饮水、自动集蛋、输送式自动清粪和舍内环境调控等高度精确的自动化设备，单栋鹑舍长宽60m×12m为宜。笼具材料采用热镀锌或静电喷塑（以静电喷塑为最佳），清粪系统采用高分子PUC传送带。

鹑舍配置风机、湿帘、自动化控制系统。以上述鹑舍长宽60m×12m为例，配置湿帘总面积40m²左右，配置1.5kW风机6个，可满足鹌鹑在较适宜的环境温度、湿度和通风条件下健康生长。适宜温度条件下，风机通风可保持鹑舍空气质量，夏季高温期间启用湿帘，可将鹑舍温度控制在30℃以内。配置自动化控制系统，可实时动态调整鹌舍温湿度和通风状态，保障鹌鹑处于合适的养殖环境。

7.2.2　产蛋笼

供产蛋期的鹌鹑用，层叠式集成化笼子规格长1.3m、宽0.54m、前高0.18m、后高0.15m，分2门，笼底金属丝网眼规格为10mm×20mm，网底后高前低，稍带倾斜度，便于母鹑产蛋后滚出。根据品种制订规格，要适度宽敞，确保正常采食、饮水和减少破蛋率。

7.2.3　集蛋系统

产蛋笼1～5层的上盖板上均设有水平的集蛋槽，第一层的集蛋槽与底板的前端相连接，各前门板底部并排设有多个出蛋口，底板、顶板和五块隔层板均为后侧高于前侧的斜面，便于母鹑产蛋后滚出，集蛋槽上均设有输送鹌鹑蛋的输送带，输送带为尼龙编织带。

7.2.4　转群

在30～35日龄，约有2%左右育成鹑已开产时应予转群，转群最好在夜间进行。蛋用鹌鹑产蛋持续时间为300～360d。

7.2.5　饲养密度

饲养90～100只/m²。

7.2.6　温度、湿度与通风

按以下要求执行：

——环境温度应保持在22～25℃；

——湿度50%～55%；

——通风量夏季3～4m³/h，冬季1～1.5m³/h。

7.2.7　光照

转群后逐渐增加光照时间，根据季节早晚补充人工光照，每周增加人工补光1～1.5h；至61日龄时达到每天16～17h，光照强度10lx，或可转群后采用24h全天候光照。

7.2.8　饲喂

采用自由采食或定时定量制，定时定量制的每日喂3～4次。每天每只鹌鹑消耗饲料25～30g。

7.2.9　补喂砂砾

在饲料中加入0.5%～1.0%的不溶性砂砾，或直接投放在料槽中自由采食。

7.2.10　营养需要

营养需要见附录A。

7.2.11　管理要求

7.2.11.1　适时转群，保持适宜的舍内温度、光照、密度，并保持环境安静，防止应激。

7.2.11.2　逐渐转换产蛋期饲料。

7.2.11.3　每天收集鹑蛋1～2次。

8　卫生管理

8.1　基本要求

8.1.1　坚持"全进全出"的饲养制度。

8.1.2　其他动物不应进入场区。

8.2　免疫接种

8.2.1　鹌鹑场应结合当地实际情况，做好免疫工作。

8.2.2　常见病的免疫程序见表3。

表3　常见疫病的免疫程序

日龄	疫苗名称	免疫方式	接种剂量
10	新支二联弱毒活疫苗	饮水	一头份
25	新支二联弱毒活疫苗	饮水	一头份
30	H5油苗	皮下注射	0.3mL
120	新城疫活苗	饮水	1.5头份

8.3　兽药的使用

兽药的使用应符合中华人民共和国农业部第220号公告的规定，不应使用违禁药物。

8.4 消毒

8.4.1 环境消毒

8.4.1.1 场内、道路和鹌鹑舍四周环境定期消毒。

8.4.1.2 病死鹌鹑储存和废弃物处理区、下水道出口每月消毒1次。

8.4.1.3 消毒池每周应至少更换池水、池药2次，并保持有效浓度。

8.4.2 鹑舍消毒

鹌鹑淘汰后彻底冲洗、消毒，平时应每周消毒1次。

8.4.3 用具消毒

饲槽、水槽、料车等饲养用具应定期消毒。

8.5 疫病监测

8.5.1 鹌鹑场常规监测的疫病主要包括禽流感、新城疫、鹌鹑白痢、大肠杆菌病等。

8.5.2 根据当地实际情况，由动物疫病监测机构定期进行监督抽查，并将检查结果报当地畜牧兽医行政主管部门。

8.6 疫病控制和扑杀

8.6.1 鹌鹑饲养场发生重大疫情时，应及时向当地畜牧兽医行政主管部门报告。

8.6.2 确诊发生禽流感时，按NY 764规定执行。

8.6.3 鹌鹑饲养场发生新城疫、禽霍乱病等疫病时，应对鹌鹑群实施清群和净化措施，全场进行彻底清洗、消毒。

8.7 废弃物处理

8.7.1 鹌鹑场应在指定的地点处理病死鹌鹑。

8.7.2 鹌鹑场污染物的排放应符合GB 18596的规定。

9 生产记录

9.1 养鹑场应建立生产记录档案，包括进雏日期、数量、雏鹑来源等。

9.2　养鹑场每天的生产记录，包括：

——日期、蛋用鹌鹑日龄、存栏数、舍内温度、湿度、发病死亡数及原因、处理方式；

——免疫记录、消毒记录、兽药采购和使用记录、饲喂量、鹑蛋和淘汰鹑的销售日期、数量和销售单位；

——废弃物排泄量和处理方式等。

9.3　全部记录应保存2年以上。

10　模式图

生产模式图见附录B。

附录A
（规范性附录）
蛋用型鹌鹑营养需要表

见表A.1。

表 A.1　蛋用型鹌鹑营养需要表

营养成分	营养指标		
	0～3周	4～6周	产蛋期
代谢能 /（MJ/kg）	11.92	11.72	11.72
粗蛋白 /%	24.00	19.00	20.00
蛋氨酸 /%	0.55	0.45	0.50
赖氨酸 /%	1.30	0.95	1.20
蛋氨酸＋胱氨酸 /%	0.85	0.70	0.90
钙 /%	0.90	0.70	3.00
有效磷 /%	0.50	0.46	0.55

附录B
（规范性附录）

蛋用型鹌鹑规模化生产技术模式

育雏育成舍与产蛋舍	育雏育成笼	产蛋笼
鹑舍环境要求	育雏育成期饲养管理 （出壳～35日龄）	产蛋期饲养管理 （36日龄～12月龄）
1.场地地势高燥，背风向阳，排水良好，交通便利，环境安静，有充足和清洁的饮水。	1.温度与湿度：1～3日龄舍温38～36℃，4～7日龄36～35℃，8～14日龄32～29℃，15～21日龄28～25℃，22～28日龄24～21℃，28日龄后25～20℃。相对湿度0～1周龄60%～65%，2周龄后50%～60%。	1.转群：30～35日龄，约有2%左右育成鹑已开产时应予转群，转群最好在夜间进行。转群后由育成期饲料逐渐过渡为产蛋期饲料，产蛋期鹌鹑日粮中代谢能11.72MJ/kg，粗蛋白20%左右，钙3.0%，有效磷0.55%。

鹑舍环境要求	育雏育成期饲养管理（出壳～35日龄）	产蛋期饲养管理（36日龄～12月龄）
2. 生产区应在生活区的下风向、管理区的上风向，生产区与生活区、管理区应设有围墙或绿化隔离带；场区的净道与污道分开，建立雨污分离设施，并在病死鹌鹑储存和废弃物处理区建立与生产规模相配套的防雨、防渗漏的堆粪棚及污水污物清除、发酵处理等排污处理设施；建有消毒室、兽医室、隔离舍、病死鹌鹑储存和废弃物处理区。 3. 鹑舍应利于保温、防暑和通风换气，舍内以水泥地面为好，有防蝇防鼠设施	2. 饲养密度：平养60～120只/m²，笼养120～160只/m²。 3. 饲喂：雏鹑运输至育雏育成舍安静后即可饮水，初饮用0.01%高锰酸钾水或5%～8%糖水及维生素制剂等，2h左右后开食。1～20日龄自由采食；21～27日龄，每天每只喂料12～14g；28～35日龄，16～19g；36～42日龄，18～21g。 4. 光照：1～3日龄每天光照24h，光照强度10～20lx；3～10日龄逐渐减少光照至每天14～15h，光照强度5～10lx；10日龄后保持光照每天10～12h，光照强度5～10lx。 5. 管理：进雏前一周应对鹑舍进行清洗消毒，进雏前一天应检查鹑舍温度、湿度和育雏育成笼温度；进雏后做好驱虫、通风、防鼠害及蚊蝇等工作	2. 饲养密度：90～100只/m² 3. 温度、湿度与通风：舍温保持在22～25℃，湿度50%～55%，通风量夏季3～4m³/h、冬季1～1.5m³/h 光照：转群后每周早晚增加人工补光1h，至61日龄时达到每天16～17h，光照强度10lx。或可转群后采用24小时全天候光照。 饲喂：采用自由采食或定时定量制，定时定量制的每日喂3～4次。每天每只鹌鹑消耗饲料25～30g，自配料在饲料中加入0.5%～1.0%的补充不溶性砂砾，或放在料槽中自由采食。 4. 管理：保持环境安静，防止应激。每天集鹑蛋1～2次
主要疫病防治技术		综防措施
新城疫、支气管炎：10日龄、25日龄分别用新支二联弱毒活疫苗饮水，120日龄用新城疫活苗1.5头份饮水；禽流感：30日龄用H5油苗皮下注射0.3mL。 驱虫：做好定期驱虫工作，用伊维菌素、丙硫咪唑等，用法和用量按照说明书		定期消毒：定期消毒鹑舍内外环境及用具，清除舍周边垃圾、杂草，定期杀虫、灭鼠、驱蚊蝇。 谨慎引种。 无害化处理病死鹑，资源化利用粪污等废弃物

附录5　肉用鹌鹑生产技术规程

浙江省地方标准　DB33/T 535—2019　替代DB33/T 535-2005

（浙江省市场监督管理局　2019-03-26发布　2019-04-26实施）

前　言

本标准根据GB/T 1.1—2009给出的规则起草。

本标准替代了DB33/T 535.1—2005《无公害肉用鹌鹑 第1部分：种鹌鹑》、DB33/T 535.2—2005《无公害肉用鹌鹑 第2部分：饲料使用准则》、DB33/T 535.3—2005《无公害肉用鹌鹑 第3部分：兽医防疫操作规程》、DB33/T 535.4—2005《无公害肉用鹌鹑 第4部分：兽医使用准则》和DB33/T 535.5—2005《无公害肉用鹌鹑 第5部分：饲养管理操作规程》，与DB33/T 535—2005《无公害肉用鹌鹑》标准相比，除编辑性修改外，主要技术变化如下：

——增加了设施设备的要求（见表1）；

——增加了肉用鹌鹑的饲养密度（见表2）；

——增加了肉用鹌鹑生产技术模式图的附录（见资料性附录A）。

本标准由浙江省农业农村厅提出。

本标准由浙江省畜牧兽医标准化技术委员会归口。

本标准起草单位：中国计量大学，浙江大学，浙江省畜牧技术推广总站。

本标准主要起草人：刘欣、冯杰、李奎、颜鹰、茅海军、丁梨慧、张艳、张素银、魏其艳、李战国。

本标准所代替标准的历次版本发布情况为：

DB33/T 535.1—2005、DB33/T 535.2—2005、DB33/T 535.3—2005、DB33/T 535.4—2005、DB33/T 535.5—2005。

1　范围

本标准规定了肉用型鹌鹑的养殖场环境、引种、饲料、饲养管理、卫生防疫、档案管理等内容。

本标准适用于肉用型鹌鹑规模养殖场。

2　规范性引用文件

下列文件对于本文件的应用是必不可少的。凡是注日期的引用文件，仅所注日期的版本适用于本文件。凡是不注日期的引用文件，其最新版本（包括所有的修改单）适用于本文件。

GB 13078　饲料卫生标准

NY/T 388　畜禽场环境质量标准

NY 5027　无公害食品 畜禽饮用水水质

NY/T 5030　无公害农产品 兽药使用准则

NY/T 5339　无公害农产品 畜禽防疫准则

DB33/593　畜禽养殖业污染物排放标准

《饲料添加剂品种目录》（农业部公告第2045号）

《饲料添加剂安全使用规范》（农业部公告第2625号）

3　设施与环境要求

3.1　笼养设施

肉用鹌鹑饲养笼养设施参照表1。

表1　肉用鹌鹑饲养笼养设施

种类	育雏笼	仔鹑笼	种鹑笼
规格	叠层式2～5层，每层间留5～10cm，底层离地面20cm以上，每层规格长为90～120cm、宽为50～60cm、高为10～20cm。笼底金属丝网眼规格为6mm×6mm或10mm×10mm	单体笼长宽高约为90cm×40cm×（10～20）cm。笼底金属丝网眼规格为20mm×20mm	单体笼长宽高约为90cm×40cm×（10～20）cm。笼底金属丝网眼规格为20mm×20mm

3.2　基本要求

3.2.1　应符合动物防疫条件要求，并有动物防疫机构核发的《动物防疫条件合格证》。

3.2.2　环境应符合相关法律法规的规定。

3.3 场址选择

3.3.1 应建在地势高燥、背风向阳、地下水位1.5m以下、排水良好、未污染的地区。

3.3.2 应距交通干线1km以上，并设有围栏或防疫沟，有绿化隔离带。

3.3.3 应远离居民区及厂矿等社会场所、屠宰场或其他畜牧场等污染源，500m范围内及水源上游无污染源。

3.3.4 养殖场的生产区应布局在管理区的上风向，生产区与管理区、生活区应设有围墙或绿化隔离带。

3.3.5 养殖场的污水粪便处理设施和病死鹌鹑处理区，应在生产区的下风向。

3.3.6 养殖场区的净道和污道应分开，互不交叉，清粪排尿系统良好。

3.4 鹑舍环境要求

鹑舍建筑应保温隔热，地面和墙壁光滑平整，并具备防鸟、防鼠及防虫设施。鹑舍内通风良好，舍内空气质量应符合NY/T 388的要求。

4 引种

4.1 引进商品雏鹑或种蛋，应选择从具有《种鹌鹑生产经营许可证》和《动物防疫条件合格证》的种鹑场或专业孵化厂引进，并经产地检疫合格。引进种鹑时需进行隔离观察，并经兽医检查确定为健康合格后，方可供使用。

4.2 不应从疫区引进种鹑。

5 饲料

5.1 饲料和饲料原料应符合GB 13078的规定。

5.2 选用的饲料添加剂应是《饲料添加剂品种目录》所规定的品种，饲料添加剂的使用应按《饲料添加剂安全使用规范》执行。

6 饲养管理

6.1 饲养方式

采用笼养或平养和笼养相结合的饲养方式。

6.2 温湿度及光照条件

6.2.1 育雏期

应符合表2的要求。

表2 育雏期温度、湿度及光照时间

日龄 /d	温度 /℃	相对湿度 /%	光照时间 /h
1～3	39～38	70	24
4～7	37～33	70	23.5
8～10	32～30	65	19～21
11～15	29～27	65	14～16
16～21	26～24	60	12～13

6.2.2 育肥期

从22d至出栏的育肥期间，环境温度应保持在22～24℃，相对湿度60%，通风量夏季3～4m³/h、冬季1～1.5m³/h；光照每天10～12h，光照强度5 lx。

6.2.3 种鹑

开产至淘汰的种鹑，环境温度22～26℃，湿度60%。光照要求（早晚补充人工光照）见表3。

表3 种鹑光照要求

日龄 /d	光照时间 /h	日龄 /d	光照时间 /h
36～40	13	51～60	15.5
41～45	14	61～淘汰	16～17
46～50	15		

6.3 饲养密度

鹌鹑根据种类分养，饲养密度见表4的要求。

表4 鹌鹑饲养密度

种类	雏鹑	仔鹑	种鹑
饲养密度 /（只 /m²）	80～100	60～80	45～48

6.4 喂料次数和饮水要求

应符合 NY 5027 的要求，饲喂次数和饮水要求见表 5。

表 5 饲喂次数和饮水要求

种类	雏鹑	仔鹑	种鹑
饲喂次数	自由采食或 1 日龄 4 次，2～5 日龄 6～8 次	自由采食或每天 4～6 次	自由采食或每天 6～8 次
饮水要求	1～10 日龄，使用小型饮水器，饮水器每天清洗 2 次、消毒 1 次	自由饮水	自由饮水不能中断，经常清洗、消毒水槽

6.5 管理要求

6.5.1 雏鹑

进雏前应检查鹑舍温度、湿度和育雏器温度，经常检查育雏室内的温度、湿度、通风及采食和饮水情况，发现异常及时采取相应措施。定期抽样称重，及时调整饲养管理措施。定期统计饲料消耗及周龄成活率情况。

6.5.2 仔鹑

6.5.2.1 育雏结束后及时转群，实行公母分群饲养，肉用仔鹑日粮中可逐渐增加能量饲料比例。

6.5.2.2 从28d开始可采用限制饲养等技术措施。保持环境安静，定期抽样称重，统计耗料情况。

6.5.3 种鹑

6～7周龄转入种鹑舍，公母配比为 1：2～1：3。逐渐更换为产蛋期饲料。及时收集种蛋，做好种蛋贮存、保管。及时更新种群，除育种群外，一般种鹑利用年限为 6～8 个月。

7 卫生防疫

7.1 消毒

7.1.1 鹑场门口设消毒池和消毒间，进出车辆和所有进场人员均应经过消毒。

7.1.2 每周对用具和鹑舍消毒1次，每周带鹑消毒1次。

7.1.3 采取全进全出制饲养，对空栏进行彻底清洗、消毒。

7.2 兽药的使用

应符合NY 5030的要求。

7.3 免疫接种

兽医卫生应符合NY/T 5339的要求。常见病的免疫程序见表6。

表6 重大疫病免疫程序

日龄 / 周龄	疫苗	用法	备注
7d	新城疫Ⅳ系冻干苗	饮水、点眼或滴鼻	肉用鹌鹑和种鹑
10d	高致病禽流感疫苗	皮下注射 0.2mL	肉用鹌鹑和种鹑
产蛋前 2～3 周	新城疫Ⅳ系冻干苗	饮水、点眼或滴鼻	种鹑
	高致病禽流感疫苗	皮下注射 0.5mL	

7.4 粪便、污水和病死鹌鹑的处理

粪便、污水的处理应符合DB33/593的要求，病死鹌鹑应按相关要求进行无害化处理。

8 出栏和运输

8.1 出售前应按国家规定申报检疫，检疫合格后上市。

8.2 饲养6周龄左右或达到品种规定的出栏体重标准，即可上市销售。

8.3 出栏前至少提前6h停喂饲料，抓鹑、装笼、搬运、装卸动作应轻。

8.4 运输设施设备应清洗和消毒处理。

9 档案与管理

9.1 每批鹌鹑都应有准确、完整的记录资料，内容包括引种购雏、日龄、喂料量、死亡数、存栏数、温度、湿度、免疫记录、兽药使用、销售台账及其他饲养记录等。

9.2 所有资料记录应妥善保存两年以上。

10 标准化生产模式图

参见附录A。

附录 A
（资料性附录）
肉用鹌鹑标准化生产模式图

鹌舍环境要求	引种要求	进雏前准备工作
① 鹌舍建筑应保温隔热，地面和墙壁光滑平整，并具备防鼠及防虫设施； ② 鹌舍内通风良好，舍内空气质量应符合 NY/T 388 的要求	① 引进种蛋或商品鹌鹑，应该选择从具有《种鹌鹑生产经营许可证》和《动物防疫条件合格证》的种鹌鹑或专业孵化厂引进，并经产地检疫合格，且该场无鹌鹑白痢、新城疫、禽流感等疾病，并按照 GB 1657 的规定进行检疫； ② 引进种鹌，应隔离观察，并经兽医检查确定为健康合格后，方可供繁殖使用； ③ 不得从疫区引进种鹌	① 应检查鹌舍温度、湿度和育雏器温度； ② 舍内空气应符合 NY/T 388 的要求，通风时避免冷空气直接吹到鹌雏身上

	日龄 /d	温度 /℃	相对湿度 /%	光照时间 /h
饲养环境控制	1～3	39～38	70	24
	4～7	37～33	70	23.5
	8～10	32～30	65	19～21
	11～15	29～27	65	14～16
	16～21	26～24	60	12～13
	22～出栏	22～24	60	10～12

	通风量 / (m³/h)
夏	3～4
冬	1～1.5

续表

饲养环境控制	日龄/d	温度/℃	相对湿度/%	光照时间/h	通风量/（m³/h）
	36~40	22~24	60	13	
	41~45			14	
	46~50			15	
	51~60			15.5	
	61~淘汰			16~17	

种类	鹌鹑	仔鹑	种鹑

饲养方式	采用笼养或平养和笼养相结合的饲养方式

续表

种类	雏鹑	仔鹑	种鹑
饲养设施规格	叠层式2~5层，每层间留5~10cm，底层离地面20cm以上，每层规格为长（90~120）cm、宽（50~60）cm、高（10~20）cm。笼底金属丝网眼规格为6mm×6mm或10mm×10mm	单体笼约为90cm×40cm×（10~20）cm。笼底金属丝网眼规格为20mm×20mm	单体笼约为90cm×40cm×（10~20）cm。笼底金属丝网眼规格为20mm×20mm
饲养密度/（只/m²）	80~100	60~80	45~48
饲喂次数	自由采食或1d4次，2~5d6~8次，其余4~6次	自由采食或每天4~6次	自由采食或每天4~8次
饮水要求	1~10d，使用小型饮水器，饮水器每天清洗2次，消毒1次	自由饮水	自由饮水不能中断，经常清洗、消毒水槽
饲养管理要求	①经常检查育雏室内的温度、湿度及通风情况；②经常检查雏鹑的采食和饮水情况，发现异常及时采取相应措施；③定期抽样称重，及时调整饲养管理措施；④定期统计饲料消耗及周龄成活率情况；⑤做好防鼠、防害及防煤气中毒等	①及时转群，实行公母分群饲养，公母配比为（1:2）~（1:3）；②种用仔鹑为防止性早熟，从28d开始可采用限制饲养技术措施；③肉用仔鹑日粮中可逐渐增加能量饲料比例；④保持环境安静，防止惊群；⑤定期抽样称重，统计耗料情况	①适时转群，防止应激；②逐渐转换产蛋期饲料；③及时收集种蛋，做好种蛋贮存、保管；④及时更新种群，除育种群外，一般种鹑利用年限为6个月

种类	鹌鹑			仔鹑	种鹑
饲料、兽药、添加剂使用要求	①鹌鹑饲养场应根据《中华人民共和国动物防疫法》及其配套法规的要求，做好疫病预防工作； ②兽医卫生应符合NY/T 5339的要求。常见病的免疫程序见下表。				①鹑场门口设消毒池和消毒间，进出车辆和所有进场人员都应经过消毒；每周对用具和鹌鹑舍消毒1次，每周带鹌鹑消毒对空栏进行彻底清洗、消毒；粪便、污水的处理应符合GB 18596的要求，病死鹌鹑应按GB 1654的要求进行无害化处理； ②饲养6周龄达到品种规定的出栏体重标准，即可上市销售；出栏前6h停喂饲料，抓鹑、装笼、运输设备应洁净；出售前应按国家规定申报检疫，检疫合格后上市；每批鹌鹑都要有准确、完整的记录资料，内容包括引种购雏、存栏数、喂料量、死亡记录、免疫记录、温度、湿度、免疫日期、防病用药、销售日期、数量、销售单位及其他饲料日记等； ③所有资料记录应妥善保存两年以上

免疫接种

日龄/d	疫苗	用法
7	新城疫IV系冻干苗	饮水、点眼或滴鼻
10	禽流感疫苗	饮水、点眼或滴鼻

①饲料和饲料添加剂应符合GB 13078的规定。选用的饲料添加剂应是《允许使用的饲料添加剂品种目录》中所规定的品种，药物饲料添加剂的使用应按照《药物饲料添加剂使用规范》执行；
②兽药的使用应符合NY 5030的要求

附录6 新城疫诊断技术

——中华人民共和国国家标准

GB/T 16550—2020代替 GB/T 16550—2008

（国家市场监督管理总局　国家标准化管理委员会

2020-12-14发布 2020-12-14实施）

引言

新城疫（Newcastle disease，ND）是由新城疫病毒（Newcastle disease virus，NDV）强毒株感染禽类引起的一种急性、烈性传染病，给世界养禽业造成巨大的经济损失。世界动物卫生组织（OIE）将新城疫列为法定报告的动物疫病，我国农业农村部将其列为一类动物疫病。

新城疫病毒可感染240多种禽类，其中家鸡和珠鸡最易感，感染禽（野鸟）及带毒禽（野鸟）系主要的传染源。新城疫病毒主要经消化道和呼吸道传播，被污染的水、饲料、蛋托（箱）、种蛋、鸡胚和带毒的野生飞禽、昆虫及有关人员等均可成为传播媒介。

新城疫病毒属于副黏病毒科、正禽腮腺炎病毒属，目前新城疫病毒只有一种血清型。但可分为多种基因型。OIE规定，新城疫是由新城疫病毒强毒株引起的禽类感染，因此，对于新城疫的诊断，除了鉴定新城疫病毒之外，还需要对其致病性进行评估。对于致病性评估的方法，可通过1日龄SPF鸡ICPI进行测定，也可通过分子生物学技术，如RT-PCR结合序列测定等。根据新城疫病毒F基因部分序列（47～420nt）差异，可将新城疫病毒分为Class Ⅰ和Class Ⅱ两大类，其中Class Ⅰ在国内均系弱毒株，因此，针对Class Ⅰ NDV的检测方法不具有诊断意义，本标准所涉及的诊断方法均针对Class Ⅱ新城疫强毒株。

1 范围

本标准规定了新城疫的临床诊断、病毒分离与鉴定、血凝和血凝抑制试验、反转录聚合酶链式反应（RT-PCR）和实时荧光RT-PCR（Real-time RT-PCR）的技术要求。

本标准适用于新城疫的诊断、检疫、检测、监测和流行病学调查等。

2 规范性引用文件

下列文件对于本文件的应用是必不可少的。凡是注日期的引用文件，仅注日期的版本适用于本文件。凡是不注日期的引用文件，其最新版本（包括所有的修改单）适用于本文件。

GB 19489 实验室 生物安全通用要求

NY/T 541 兽医诊断样品采集、保存与运输技术规范

NY/T 1948 兽医实验室生物安全要求通则

3 缩略语

下列缩略语适用于本文件。

Ct值：每个反应管内的荧光信号量达到设定的阈值所经历的循环次数（Cycle threshold）

DEPC：焦碳酸二乙酯（Diethy pyrocarbonate）

HA：血凝（Hemagglutinin）

HI：血凝抑制（Haemagglutination inhibition）

ICPI：脑内接种致病指数（Intracerebral pathogenicity index）

ND：新城疫（Newcastle disease）

NDV：新城疫病毒（Newcastle disease virus）

PBS：磷酸盐缓冲液（Phosphate buffered saline）

RBC：鸡红细胞悬液（Red blood cell）

RNA：核糖核酸（Ribonucleic acid）

RT-PCR：反转录聚合酶链式反应（Reverse transcription-polymerase chain reaction）

Real-time RT-PCR：实时荧光 RT-PCR（Real-time reverse transcription-polymerase chain reaction）

SPF：无特定病原体（Specific pathogen free）

4　临床诊断

4.1　流行病学

4.1.1　宿主范围广，鸡、火鸡、鹌鹑、鸽、鹅等多种家禽及野禽均易感，鸭也可感染。

4.1.2　传染源主要为感染禽（野鸟）及带毒禽（野鸟），主要经消化道和呼吸道传播，被污染的水、饲料、蛋托（箱）、种蛋、鸡胚和带毒的野生飞禽、昆虫及有关人员等均可成为主要的传播媒介。

4.1.3　该病无明显季节性，一年四季均可发生，春秋季多发。

4.2　临床症状

4.2.1　临床致病型

根据临床表现不同，临床致病型分为：

a.嗜内脏速发型：以消化道出血性病变为主要特征，死亡率高；

b.嗜神经速发型：以呼吸道和神经症状为主要特征，死亡率高；

c.中发型：以呼吸道和神经症状为主要特征，死亡率低；

d.缓发型：以轻度或亚临床性呼吸道感染为主要特征；

e.无症状肠道型：以亚临床性肠道感染为主要特征。

4.2.2　典型症状

当病鸡出现下列之一或全部临床症状时，可作为初步诊断的依据之一：

a.发病急、病死率高；

b.体温升高、精神沉郁、呼吸困难、食欲下降；

c.粪便稀薄，呈黄绿色或黄白色；

d.发病后期出现扭颈、翅膀麻痹、瘫痪等神经症状；

e.免疫禽群出现产蛋下降，蛋壳质量变差，产畸形蛋或异色蛋。

4.3 剖检变化

当病鸡出现下列之一或全部剖检变化时，可作为初步诊断的依据之一：

a.全身黏膜和浆膜出血，以呼吸道和消化道最为严重，气管环状出血；

b.腺胃黏膜水肿，乳头和乳头间有出血点；

c.盲肠扁桃体肿大、出血、坏死；

d.十二指肠和直肠黏膜出血，泄殖腔黏膜出血，有的可见纤维素性坏死病变；

e.脑膜充血和出血；

f.鼻窦、喉头、气管黏膜充血，偶有出血，肺可见淤血和水肿。

4.4 鉴别诊断

家禽感染高致病性禽流感病毒后，临床表现和死亡率与新城疫（ND）类似。与 ND 相比，高致病性禽流感以全身器官出血为特征，包括：肿头，眼睑周围浮肿，鸡冠和肉垂肿胀、发紫、出血和坏死，腿及爪鳞片出血等。在临床实践中，很难依据临床症状和剖检变化进行区分，应依靠实验室诊断进行鉴别。

4.5 结果判定

当禽类符合4.1，且符合4.2、4.3之一的，可判定为疑似新城疫。

5 样品采集与处理

5.1 总则

样品采集宜在发病初期、选择具有典型临床症状的家禽，可采集脑、肺脏、脾脏、肾、肠（包括内容物）、肝和心脏等组织脏器，也可采集未见明显临床症状禽类的泄殖腔和口咽拭子样品进行实验室诊断。采样过程中不得交叉污染，在田间采样应勤换一次性手套，每采集一个样品宜更换或消毒一次灭菌采样器具，尽量做到无菌采集。样品采集、处理、保存和运输应符合 GB 19489 和 NY/T 541 的要求。

5.2 组织样品采集

典型临床发病禽可无菌采集脑、肺、脾、肾、肠（包括内容物）、气管、肝、心等组织脏器，装入无菌采样袋或其他灭菌容器并编号，在–20℃冷冻保存。

5.3 拭子样品采集

采集活禽样品时可采集口咽和泄殖腔拭子。取口咽拭子时应将拭子深入喉头及上腭裂来回旋转2～3次，要求可见明显黏液。采集泄殖腔拭子时应将拭子深入泄殖腔旋转一圈并蘸取少量粪便。对于鸽、珍禽等体型较小的禽鸟，采样时需用适合的拭子，避免因拭子取样给禽类造成损伤。将采集后的拭子放入盛有2.0mL的PBS（0.01mol/L、pH7.0～7.4，含青霉素2000 U/mL、链霉素2mg/mL、10%甘油）的采样管中，编号。用于病毒分离的拭子样品于–20℃冷冻保存，尽量避免反复冻融。

5.4 血清样品采集

无菌采集禽类的血液，每只2.0mL，用于新城疫抗体检测。无菌分离血清，装入2.0mL离心管中，加盖密封后冷藏或冷冻保存。

5.5 样品运输

样品采集后置保温箱中，加入预冷的冰袋，密封，宜24h内送实验室。

5.6 样品处理

5.6.1 生物安全措施

样品处理的生物安全措施按照GB 19489和NY/T 1948进行。

5.6.2 组织样品处理

用无菌的剪刀和镊子剪取待检样品，置组织匀浆器充分研磨，置于含抗生素的PBS（0.01moL/L、pH 7.0～7.4）中，制成浓度为10%～20%的悬浮液，冻融2～3次，室温（20～25℃）静置1～2h，3000r/min离心5min，取上清液转入无菌的1.5mL离心管中，编号备用。

5.6.3 拭子样品处理

将采集的拭子样品在振荡器上充分混合后，将拭子中的液体充分挤压后弃去拭子，室温静置作用30min，3000r/min离心5min，取上清液转入无菌的1.5mL离心管中，编号备用。

5.6.4　样品保存

处理好的样品在 2 ～ 8℃条件下保存应不超过24h。若需长期保存，应放置于–70℃冰箱中，反复冻融不超过3次。

6　病毒分离与鉴定

6.1　主要仪器设备

6.1.1　孵化器。

6.1.2　冰箱（2 ～ 8℃、–20℃、–70℃不同温度）。

6.1.3　台式高速冷冻离心机（最大离心力12000g以上）。

6.1.4　微量可调移液器（10μL、100μL、200μL、1000μL等不同规格）。

6.1.5　1.0mL注射器（灭菌）。

6.1.6　Ⅱ级生物安全柜。

6.2　试剂

6.2.1　0.01mol/L pH 7.2 PBS，见附录A。

6.2.2　1%鸡红细胞悬液（RBC），见附录B。

6.3　操作程序

6.3.1　鸡胚接种

用1.0mL注射器吸取上清液，按0.2mL/枚的剂量经尿囊腔接种9 ～ 11日龄的SPF鸡胚，每个样品至少接种5枚。接种后，37 ～ 38℃继续孵育。18h后每12h照胚，观察鸡胚死亡情况。

6.3.2　病毒收获

收集18h以后的死胚及96h仍存活鸡胚，置2 ～ 8℃、4h或过夜，无菌收取鸡胚尿囊液。

6.3.3　病毒鉴定

6.3.3.1　血凝（HA）试验：收获感染鸡胚尿囊液，测定其血凝活性。如果没有血凝活性或血凝效价≤3log2，则用初代分离的尿囊液于SPF鸡胚继续盲传两代，若仍为阴性，则认为新城疫病毒分离阴性。

试验方法按7.3执行。

6.3.3.2 血凝抑制（HI）试验：对于HA效价高于或等于4log2的尿囊液，应采用新城疫病毒标准阳性血清进行血凝抑制试验以确认是否含有新城疫病毒。试验方法按7.4执行。

6.3.4 毒力测定

6.3.4.1 测定方法

经确定仅为新城疫病毒的情况下，应根据1日龄SPF鸡脑内接种致病指数（ICPI）测定病毒毒力。

6.3.4.2 操作程序

6.3.4.2.1 HA效价高于或等于4log2的新鲜感染尿囊液（不超过24～48h，细菌检验为阴性），用无菌等渗盐水作10倍稀释。

6.3.4.2.2 脑内接种出壳后24～40h之间的SPF雏鸡，共接种10只，每只接种0.05mL。

6.3.4.2.3 每24h观察一次，共观察8d。

6.3.4.2.4 每天观察应给鸡打分，正常鸡记作0，病鸡记作1，死鸡记作2（每只死鸡在其死后的每日观察中仍记作2）。

6.3.4.2.5 ICPI是每只鸡8d内所有观察数值的平均数，计算方法见公式（1）。

$$ICPI = \frac{\sum_s \times 1 + \sum_d \times 2}{T} \quad \cdots\cdots \quad （1）$$

式中 $\sum_s$——8d累计发病数；

$\sum_d$——8d累计死亡数；

T——8d累计观察鸡的总数。

6.3.4.3 结果判定

6.3.4.3.1 ICPI值越大，NDV致病性越强，最强毒力病毒的ICPI接近2.0，而弱毒株的ICPI值为0。

6.3.4.3.2 ICPI≥0.7，可判为阳性。

7　血凝试验和血凝抑制试验

7.1　主要仪器设备

7.1.1　微型振荡器。

7.1.2　微量可调移液器（10μL、100μL、200μL、1000μL等不同规格）。

7.1.3　96孔V型血凝板。

7.2　试剂

7.2.1　PBS：见附录A。

7.2.2　1%鸡红细胞悬液（RBC）：见附录B。

7.2.3　新城疫病毒标准阳性抗原，新城疫病毒标准阳性血清、阴性血清。

7.3　血凝试验

7.3.1　在96孔V型微量血凝板1～12孔均加入25μL PBS。

7.3.2　在第1孔中加入25μL抗原或病毒悬液，吹打3～5次，充分混匀。

7.3.3　将抗原或病毒悬液在反应板上进行系列倍比稀释，即从第1孔中吸取25μL悬液至第2孔，混匀后再吸取25μL悬液至第3孔，依次进行倍比稀释到第11孔，最后从第11孔吸取25μL弃去，第12孔不加抗原或病毒悬液，作为PBS对照。

7.3.4　每孔加入25μL PBS。

7.3.5　每孔加入25μL体积分数为1%的鸡红细胞悬液（将鸡红细胞悬液充分摇匀后加入）。将微量反应板在微型振荡器振荡混匀或轻扣反应板混匀反应物，室温静置20～30min或2～8℃静置60min，当对照孔（第12孔）红细胞呈显著纽扣状时判定结果。

7.3.6　结果判定：将反应板倾斜，观察红细胞有无泪珠状流淌。以完全凝集（不流淌）的最高稀释倍数为抗原或病毒悬液的血凝效价。完全凝集的病毒的最高稀释倍数为1个血凝单位（HAU）。

7.4 血凝抑制试验

7.4.1 根据测得抗原或病毒悬液血凝效价配制4单位抗原（4HAU）。4HAU的配制方法如下：假设抗原的血凝效价为8log2（1∶256），则4HAU抗原的稀释倍数应是1∶64（256除以4），稀释时，将1mL抗原加入63mL PBS中即为4HAU抗原。

7.4.2 4HAU检测：4单位抗原应现用现配，在使用前进行标定。将配制的4HAU进行系列稀释，使最终稀释度分别为1∶2、1∶3、1∶4、1∶5、1∶6和1∶7，然后按照7.3进行血凝试验。如果配制的抗原液为4HAU，则1∶4稀释度将给出凝集终点；如果4HAU高于4个单位，可能1∶5或1∶6为终点；如果较低，可能1∶2或1∶3为终点。应根据检验结果将抗原稀释度做适当调整，使工作液确为4HAU。

7.4.3 取96孔V型微量血凝板，用移液器在第1孔～第11孔各加入25μL PBS，第12孔加入50μL PBS。

7.4.4 在第1孔加入25μL血清，充分混匀后移出25μL至第2孔，依次类推，倍比稀释至第10孔，并从第10孔弃除25μL。

7.4.5 在第1孔～第11孔各加入25μL 4HAU抗原，振荡15s，使液体混合均匀，室温静置至少20min或2～8℃至少60min。

7.4.6 在第1孔～第12孔每孔加入25μL 1%的鸡红细胞悬液，振荡混匀，室温静置20～40min或2～8℃静置40～60min，对照孔红细胞呈显著纽扣状时判定结果。

7.4.7 第11孔为抗原对照，第12孔为PBS对照，每次测定还应设已知效价的标准阳性血清和阴性血清作对照。

7.4.8 结果判定：将反应板倾斜，从背侧观察加样孔底部的红细胞是否呈泪痕状流淌。以完全抑制4HAU抗原的最高血清稀释倍数为该血清的HI抗体效价。只有当阴性血清对照孔血清效价≤2log2，阳性血清对照孔血清效价与标定效价相差≤1个滴度，红细胞对照无自凝现象时，试验结果有效。HI效价≤3log2，判为HI试验阴性；HI效价≥4log2判为HI试验阳性。

8 反转录聚合酶链式反应（RT-PCR）

8.1 主要仪器设备

8.1.1 PCR扩增仪。

8.1.2 台式高速冷冻离心机：最大离心力12000g以上。

8.1.3 Ⅱ级生物安全柜。

8.1.4 微量可调移液器（2μL、10μL、100μL、200μL、1000μL等不同规格），及其配套的无核酸酶处理的离心管与吸头。

8.1.5 电泳仪。

8.1.6 电泳槽。

8.1.7 紫外凝胶成像仪。

8.2 试剂

8.2.1 RNA提取试剂Trizol。也可用商品化RNA提取试剂盒，或其他等效RNA提取试剂和方法，如自动化核酸提取仪和其他配套核酸抽提试剂进行核酸提取。

8.2.2 三氯甲烷（氯仿）。

8.2.3 异丙醇（分析纯）。

8.2.4 75%乙醇：用新开启的无水乙醇（分析纯）和DEPC处理水按3∶1配制而成，－20℃预冷。

8.2.5 RT-PCR相关试剂：可选择商品化试剂盒。

8.2.6 阳性对照：灭活的新城疫强毒感染鸡胚尿囊液。

8.2.7 阴性对照：SPF鸡胚尿囊液。

8.3 操作程序

8.3.1 样品准备

取处理后的拭子样品、组织样品或尿囊液3000r/min离心5min，取200μL离心后的上清提取RNA。

8.3.2 病毒RNA提取

RNA提取应保证无细菌及核酸污染，实验材料和容器应经过消毒处理并一次性使用。提取RNA时应避免RNA酶污染。用Trizol提取核酸RNA的操作步骤如下：

a.在无RNA酶的1.5mL离心管中加入200μL检测样品，然后加入1mL Trizol，振荡20s，室温静置10min。

b.加入200μL三氯甲烷（氯仿），颠倒混匀，室温静置10min，12000r/min离心15min。

c.管内液体分为三层，取500μL上清液于离心管中，加入500μL预冷（－20℃）的异丙醇，颠倒混匀，静置10min。12000r/min离心15min沉淀RNA，弃去所有液体（离心管在吸水纸上控干）。

d.加入700μL预冷（－20℃）的75%乙醇洗涤，颠倒混匀2～3次。12000r/min离心10min。

e.调水浴至60℃。离心管在室温下干燥至没有水滴。加入40μL DEPC处理水，60℃水浴中作用10min，充分溶解RNA，－70℃保存或立即使用。

8.3.3　配置RT-PCR反应体系

8.3.3.1　引物

引物针对新城疫病毒F基因设计，上游引物P1的序列为5'-ATGGGCYCCAGAYCTTCTAC-3'，下游引物P2的序列为5'-CTGCCACTGCTAGTTGTGATAATCC-3'，Y为兼并碱基（Y：C/T）。

8.3.3.2　RT-PCR反应体系配置

RT-PCR反应体系配置见表1。体系配好后盖紧PCR反应管盖，并做好标记。

表1　RT-PCR反应体系配置表

组分	体积 μL
无RNA酶灭菌超纯水	14.6
10×反应缓冲液	2.5
dNTPs	2

组分	体积 μL
RNase 抑制剂（40U/μL）	0.5
AMV 反转录酶（5U/μL）	0.7
Taq 酶（5U/μL）	0.7
上游引物 P1（20μmol/L）	0.5
下游引物 P2（20μmol/L）	0.5
模板 RNA	3
合计	25

8.3.4　RT-PCR 反应

按8.3.3.2的加样顺序全部加完后，充分混匀，瞬时离心，使液体都沉降到 PCR 管底。同时设立阳性对照和阴性对照。按照下列程序进行扩增：42℃反转录30min；95℃预变性3min；94℃变性30s，55℃退火30s，72℃延伸45s，共进行35次循环；最后，72℃再延伸7min。最终的 RT-PCR 产物置4℃保存。

8.3.5　扩增产物电泳检测

8.3.5.1　1.5%琼脂糖凝胶板的制备：称取1.5g琼脂糖，加入100mL 1×TAE 缓冲液中。加热融化后加5μL（10mg/mL）溴乙锭，混匀后倒入放置在水平台面上的凝胶盘中，胶板厚5mm左右。依据样品数选用适宜的梳子。待凝胶冷却凝固后拔出梳子（胶中形成加样孔），放入电泳槽中，加1×TAE 缓冲液淹没胶面。

8.3.5.2　加样：取5μL PCR 产物与0.5μL 10×加样缓冲液混匀后加入琼脂糖凝胶板的一个加样孔中。每次电泳同时设标准 DNA Marker、阴性对照、阳性对照。

8.3.5.3　电泳：接通电源，120V 恒压电泳30 ～ 40min。

8.3.6 观察与记录

电泳结束后，取出凝胶板置凝胶成像仪（或紫外线透射仪）上观察并记录结果。

8.4 结果判定

8.4.1 试验成立条件：阳性对照出现535bp左右扩增条带（参见附录C），同时阴性对照无扩增条带。

8.4.2 检测样品出现535bp左右的目的片段（与阳性对照大小相符），判为新城疫病毒核酸阳性；检测样品未出现目的片段，判为新城疫病毒核酸阴性。

8.5 NDV强毒感染的确定

对扩增到的目的片段进行序列测定，根据序列测定结果，对毒株F基因编码的氨基酸序列进行分析。如果毒株F2蛋白的C端有"多个碱性氨基酸残基"，F1蛋白的N端即117位为苯丙氨酸，可确定为新城疫病毒强毒感染。"多个碱性氨基酸"是指毒株F2蛋白的C端在113位到116位残基之间至少有三个精氨酸或赖氨酸。

9 实时荧光RT-PCR（Real-time RT-PCR）

9.1 主要仪器设备

9.1.1 荧光定量PCR仪。

9.1.2 其余器材同8.1.2～8.1.4。

9.2 试剂

按8.2执行。

9.3 引物和探针

根据我国流行的所有基因型（基因Ⅵ、Ⅶ、Ⅸ和Ⅻ型）新城疫强毒F基因序列设计引物、探针。其中正向引物NDV-Ⅱa序列为5'-CTCAGACAGGGTCAATCATAGT-3'，反向引物NDV-Ⅱb序列为5'-GCAACCCCAAGAGCTACA-3'。探针NDV-Ⅱp序列为5'-ATRAAGCGTTTYTGYCTCCTTCCTCC-3'。探针5'端连接FAM荧光基团，3'端连接BHQ-1淬灭基团，R、Y为简并碱基（R：A/G；Y：C/T）。

9.4　操作程序

9.4.1　样品准备

按8.3.1执行。

9.4.2　病毒RNA的提取

按8.3.2执行。

9.4.3　实时荧光RT-PCR反应

9.4.3.1　按照表2配置实时荧光RT-PCR反应体系，盖紧盖子并做好标记。

表2　实时荧光 RT–PCR 反应体系配置表

组分	体积 μL
DEPC 处理水	6
2× 反应混合液	10
正向引物 NDV- Ⅱ a（20μmol/L）	0.5
反向引物 NDV- Ⅱ b（20μmol/L）	0.5
探针 NDV- Ⅱ p（10μmol/L）	0.5
RT/Taq　Mix	0.5
模板 RNA	2
合计	20

9.4.3.2　按9.4.3.1的加样顺序全部加完后，充分混匀，瞬时离心，使液体都沉降到PCR管底。同时设立阳性对照和阴性对照。将PCR管放在荧光定量PCR仪器上进行RT-PCR扩增，反应条件为：50℃反转录30min；95℃预变性3min；然后94℃变性15s，59℃退火1min，共进行45次循环。每次循环在59℃ 1min时搜集信号。

9.4.4　质控标准

9.4.4.1　阳性对照扩增曲线呈标准的S形曲线，且Ct值≤30（参见附录D）。

9.4.4.2　阴性对照无Ct值，且无扩增曲线。

9.5 结果判定

9.5.1 样品无Ct值或Ct值>38且无标准扩增曲线，判为阴性。

9.5.2 样品Ct值≤35，且出现标准的S形扩增曲线，判为阳性。

9.5.3 样品35<Ct值≤38且扩增曲线均呈标准的S形曲线，判为可疑，需重新检测。如重复后仍然为上述结果，判为阳性，否则判为阴性。

10 综合判定

10.1 临床判定为疑似的易感禽类，按第6章分离出新城疫病毒，且鉴定其ICPI≥0.7，或经第8章RT-PCR检测呈阳性且经序列分析证明F蛋白裂解位点具有强毒特征，或经第9章实时荧光RT-PCR检测呈阳性的，可判定为新城疫。

10.2 临床无明显特异症状的非免疫动物经第7章血凝试验和血凝抑制试验检测出新城疫病毒抗体的，可判定新城疫病毒感染。

10.3 被检禽虽然没有明显的临床症状和病理变化，但病原检测符合10.1的病原检测判定标准，可判定为新城疫病毒强毒感染。

附录A

（规范性附录）

0.01mol/L pH7.2磷酸盐缓冲液（PBS）配制

0.01mol/L pH7.2磷酸盐缓冲液（PBS）的配制方法如下：

a）氯化钠（NaCl）8.0g；

b）氯化钾（KCl）0.2g；

c）磷酸氢二纳（Na_2HPO_4）1.44g；

d）磷酸二氢钾（KH_2PO_4）0.24g；

e）加蒸馏水至800mL。

将上述成分依次溶解，用HCl调pH至7.2±0.1，灭菌双蒸水加至1000mL定容，121℃高压灭菌15min。

附录B
（规范性附录）
1%鸡红细胞悬液（RBC）制备

B.1 Alserve液配制

葡萄糖2.05g，柠檬酸钠0.8g，柠檬酸0.055g，NaCl 0.42g，加蒸馏水至100mL，混匀，pH值调至6.1，在121℃、15min高压灭菌，置4℃备用。

B.2 1%RBC制备

用Alserve液作为抗凝剂，采集至少3只SPF公鸡或无新城疫抗体的非免疫鸡的抗凝血液，放入离心管中，加入3～4倍体积的PBS混匀，以2000r/min离心5～10min，去掉血浆和白细胞层，重复以上过程，反复洗涤3～4次，至洗净血浆和白细胞，2000r/min离心10min，最后吸取压积红细胞用PBS配成体积分数为1%的悬液，于4℃保存备用。

B.3 注意事项

B.3.1 采集的抗凝血液保存时间不超过24h，制备的1%红细胞悬液最好现配现用。

B.3.2 当检测除鸡外的其他禽（如水禽、鸽）血清时，可用与待检血清宿主来源相同的1%红细胞进行血凝抑制试验，禽1%RBC制备方法按B.2执行。

B.3.3 有些禽类血清（如水禽、鸽）可能对鸡红细胞产生非特异性凝集，需先用待检血清做血凝试验，如果待检血清出现红细胞凝集现象，则说明有非特异凝集素存在，需用鸡红细胞对待检血清进行吸附，具体方法为：每0.5mL血清中加入25μL鸡红细胞，轻摇后静置至少30min，800g离心2～5min，收集上清液，即为处理后的血清。用处理后的血清进行HI试验时，需设处理阳性血清对照。

附录C

（资料性附录）

新城疫病毒RT-PCR检测阳性参照图

新城疫病毒RT-PCR检测阳性参照图见图C.1。

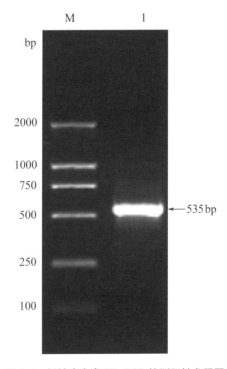

图 C.1　新城疫病毒 RT-PCR 检测阳性参照图

M—DNA分子量标准（DL2000 Marker）；1—新城疫病毒阳性对照

附录D

（资料性附录）

新城疫强毒实时荧光RT-PCR检测阳性参照图

新城疫强毒实时荧光RT-PCR检测阳性参照图见图D.1。

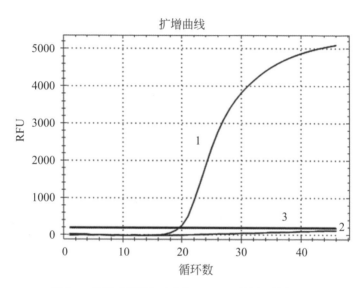

图 D.1　新城疫强毒实时荧光 RT–PCR 检测阳性参照图

1—阳性对照；2—阴性对照；3—阈值线；

RFU—相对荧光单位（relative fluorescence units）

附录7 高致病性禽流感诊断技术

——中华人民共和国国家标准

GB/T 18936—2020代替GB/T 18936—2003

（国家市场监督管理总局 国家标准化管理委员会

2020-12-14发布 2020-12-14实施）

前 言

本标准按照GB/T 1.1—2009给出的规则起草。

本标准代替GB/T 18936—2003《高致病性禽流感诊断技术》，与GB/T 18936—2003相比，主要技术变化如下：

——增加了禽流感病毒RT-PCR试验（见第8章）；

——增加了禽流感病毒实时荧光RT-PCR试验（见第9章）；

——删除了琼脂凝胶免疫扩散（AGID）试验（见2003年版的第4章）；

——删除了间接酶联免疫吸附试验（ELISA）（见2003年版的第5章）。

请注意本文件的某些内容可能涉及专利。本文件的发布机构不承担识别这些专利的责任。

本标准由中华人民共和国农业农村部提出。

本标准由全国动物卫生标准化技术委员会（SAC/TC 181）归口。

本标准起草单位：中国农业科学院哈尔滨兽医研究所、中华人民共和国北京海关、中国动物卫生与流行病学中心。

本标准主要起草人：王秀荣、田国彬、刘环、邓国华、蒋文明、施建忠、曾显营、李雁冰、谷强、孙晓东、陈化兰。

本标准所代替标准的历次版本发布情况为：

——GB/T 18936—2003。

1　范围

本标准规定了高致病性禽流感临床诊断，样品采集、保存与运输，病毒分离与鉴定，血凝和血凝抑制试验，禽流感病毒RT-PCR试验和禽流感病毒实时荧光RT-PCR试验的技术要求。

本标准适用于高致病性禽流感的诊断、检疫、检测、监测和流行病学调查等。

2　规范性引用文件

下列文件对于本文件的应用是必不可少的。凡是注日期的引用文件，仅注日期的版本适用于本文件。凡是不注日期的引用文件，其最新版本（包括所有的修改单）适用于本文件。

GB 19489　实验室　生物安全通用要求

NY/T 765　高致病性禽流感　样品采集、保存及运输技术规范

3　术语和定义

下列术语和定义适用于本文件。

3.1　高致病性禽流感　highly pathogenic avian influenza；HPAI

由正黏病毒科流感病毒属A型流感病毒引起的以禽类为主的急性传染病。

3.2　血凝　hemagglutinin；HA

流感病毒颗粒表面的血凝素蛋白，具有识别红细胞表面受体并使红细胞凝集的特性。

3.3　血凝抑制　hemagglutinin inhibition；HI

抗体特异性地附着在HA分子的抗原位点上，干扰流感病毒HA与红细胞受体之间的结合，抑制了流感病毒HA凝集红细胞的能力。

3.4　反转录聚合酶链式反应　reverse transcription-polymerase chain reaction；RT-PCR

一种用于放大扩增特定的 RNA 片段的分子生物学技术。先用 RNA 反转录为 cDNA，然后以 cDNA 为模板进行 PCR 扩增的过程。

3.5　实时荧光 RT-PCR　real-time　RT-PCR

利用荧光信号累积实时监测整个 PCR 进程的一种扩增核酸方法。

3.6　Ct 值　cycle threshold

每个反应管内的荧光信号量达到设定的阈值所经历的循环次数。

4　临床诊断

4.1　易感动物

鸡、火鸡、鸭、鹅、鹌鹑、雉鸡、鹧鸪、鸵鸟、孔雀等多种禽类易感，多种野鸟也可感染发病。

4.2　临床症状

4.2.1　精神沉郁，嗜睡，头翅下垂，呆立；食欲不振；呼吸困难，有呼吸道症状。

4.2.2　鸡冠发绀、发紫；眼结膜发红；排黄、白、绿色稀便，并有未完全消化的饲料；脚鳞或有出血。

4.2.3　产蛋下降，软壳蛋、畸形蛋增多；有歪脖子等神经症状。

4.2.4　鸭、鹅等水禽可见神经和腹泻症状；有时可见角膜发红、充血、有分泌物，甚至失明。

4.3　剖检变化

4.3.1　气管弥漫性充血、出血，有少量黏液；肺部有炎性症状。

4.3.2　腹腔有浑浊的炎性分泌物；肠道可见卡他性炎症；输卵管内有浑浊的炎性分泌物，卵泡充血、出血、萎缩、破裂，有的可见"卵黄性腹膜炎"；胰腺边缘有出血、坏死。

4.3.3　心冠及腹部脂肪出血；腺胃乳头可见出血；盲肠扁桃体肿大出血；直肠黏膜及泄殖腔出血。

4.4　结果判定

出现 4.2、4.3 中的情况，初步判为高致病性禽流感临床疑似病例，需要进一步开展实验室诊断。

5　样品采集、保存与运输

5.1　总则

样品采集、保存及运输应按照NY/T 765进行。样品采集宜在发病初期、选择具有典型临床症状的禽进行，采样过程中应避免交叉污染。死禽或其他动物采集气管、肺和脑等组织样品，进行分别处理；活禽样品应包括咽喉和/或泄殖腔拭子；小珍禽用拭子取样易造成损伤，可采集新鲜粪便。

5.2　拭子样品

5.2.1　采集咽喉拭子时将拭子深入喉头及上颚裂来回刮2～3次并旋转，取分泌液。

5.2.2　采集泄殖腔拭子时将拭子深入泄殖腔至少旋转3圈并蘸取少量粪便。

5.2.3　将采样后的拭子分别放入盛有1.2mL样品稀释液（配制方法见附录A中的A.1）的2mL采样管中，编号并填写相应采样单。

5.3　组织样品

发病禽鸟可无菌采集气管、肺、脑、肠（包括内容物）、肝、脾、肾、心等组织脏器，装入15mL或50mL带螺口的有机材料保存管中，编号并填写相应采样单。

5.4　血清样品采集

无菌采集禽类的血液，每只约2mL，编号并填写相应采样单。待血液凝固，血清析出后，收集血清用于HI检测。

5.5　样品保存和运输

样品采集后置保温箱中，加入预冷的冰袋，密封，宜24h内送实验室。样品应尽快处理，没有条件的可在4℃存放不超过4d，也可在低温条件下保存（－70℃贮存为宜）。

6　病毒分离与鉴定

6.1　适用范围

病毒分离与鉴定方法适用于对HPAI的病原学诊断，应在有资质的高等级生物安全实验室操作，按照GB 19489的规定执行。

6.2 样品处理

将棉拭子充分捻动、挤干后弃去拭子；粪便、研碎的组织加样品稀释液充分研磨，按照1g组织加10mL PBS的比例配成悬液。样品液经3000r/min离心10min，取上清作为接种或者核酸检测材料。

6.3 样品接种及收获

取处理好的样品，以0.2mL/胚的量经尿囊腔途径接种9～11d无特定病原体鸡胚，每个样品接种3～5枚鸡胚，在37℃孵化箱内孵育，每天上午和下午定点观察鸡胚死亡情况。无菌收取死胚及96h仍存活鸡胚的鸡胚尿囊液，测HA活性。

6.4 病毒鉴定

若无HA活性，则收取尿囊液进行盲传，至少盲传1代，若仍阴性，则认为病毒分离阴性；若有HA活性说明可能有正黏病毒科的流感病毒，可进一步采用血凝和血凝抑制试验（见第7章）、高致病性禽流感病毒IVPI（静脉内接种致病指数）测定试验（参见附录B）、禽流感病毒RT-PCR试验（见第8章）、禽流感病毒实时荧光RT-PCR试验（见第9章）等方法进行验证。

7 血凝和血凝抑制试验

7.1 适用范围

血凝和血凝抑制试验适用于血凝素亚型的诊断和抗体效价测定。

7.2 试剂

7.2.1 阿氏（Alsevers）液，配方参见A.2。

7.2.2 1%鸡红细胞悬液，配方参见A.3。

7.2.3 PH7.2、0.01mol/L PBS，配方参见A.4。

7.2.4 禽流感病毒血凝素分型标准抗原、标准阳性血清、阴性血清。

7.3 HA试验（微量法）试验步骤

7.3.1 在96孔V型微量反应板中，每孔加0.025mL PBS。

7.3.2 第1孔加0.025mL抗原或病毒液，反复吹吸3～5次混匀。

7.3.3 从第1孔吸取0.025mL抗原或病毒液加入第2孔，混匀后吸取0.025mL加入第3孔，进行2倍系列稀释至第11孔，从第11孔吸取0.025mL弃去。第12孔为PBS对照孔。

7.3.4 每孔加0.025mL PBS。

7.3.5 每孔加入0.025mL 1%（体积分数）鸡红细胞悬液。

7.3.6 结果判定。轻扣反应板混合反应物，室温（约20℃）静置40min，环境温度过高时可在4℃条件下静置60min，当对照孔的红细胞呈显著纽扣状时判定结果。判定时，将反应板倾斜60°，观察红细胞有无泪珠状流淌，完全无泪珠样流淌（100%凝集）的最高稀释倍数判为血凝效价。

7.4 HI试验（微量法）试验步骤

7.4.1 根据HA试验测定的效价配制4个血凝单位（即4HAU）的病毒抗原。4HAU抗原应根据检验结果调整准确。

示例：如果血凝的终点滴度为1：256（2^8或8log2），则4HAU=256/4=64（即1：64）；取PBS6.3mL，加抗原0.1mL，即通过1：64稀释获得4HAU。配制的4HAU抗原需检查血凝价是否准确，将配制的4HAU抗原进行系列稀释，使最终稀释为1：2、1：3、1：4、1：5、1：6和1：7。从每一稀释度中取0.025mL，加入PBS 0.025mL，再加入1%鸡红细胞悬液0.025mL，混匀。将血凝板在室温（约20℃）条件下静置40min或4℃ 60min，如果配制的抗原液为4HAU，则1：4稀释度将出现凝集终点；如果高于4HAU，可能1：5或1：6为终点；如果低于4HAU，可能1：2或1：3为终点。

7.4.2 第1孔～第11孔加入0.025mLPBS，第12孔加入0.05mLPBS作为空白对照。

7.4.3 第1孔加入0.025mL血清（鸭、鹅血清在检测时建议进行预处理，参见附录C）；第1孔血清与PBS充分混匀后吸取0.025mL于第2孔，依次2倍稀释至第10孔，从第10孔吸取0.025mL弃去。第11孔作为抗原对照。

7.4.4 第1孔～第11孔均加入0.025mL 4HAU抗原，在室温（约20℃）下静置30min或4℃ 60min。

7.4.5 每孔加入0.025mL 1%（体积分数）鸡红细胞悬液，振荡混匀，在室温（约20℃）下静置40min或4℃ 60min，空白对照孔（12孔）红细胞呈显著纽扣状时判定结果。

7.4.6 结果判定。当抗原对照孔（第11孔）完全凝集，且阴性对照血清抗体效价不高于1∶4（2^2或2log2），阳性对照血清抗体效价与已知效价误差不超过1个滴度时，试验方可成立。以完全抑制4HAU抗原的最高血清稀释倍数判为该血清的HI抗体效价。用于检测抗体，检测鸡血清时，HI抗体效价不高于1∶8（2^3或3log2）判为阴性，不低于1∶16（2^4或4log2）判为阳性。用于检测抗原，能够被某亚型禽流感标准血清抗体抑制，HI效价不低于1∶l6（2^4或4log2）时判定为该亚型阳性；HI抗体效价不高于1∶8（2^3或3log2）判为阴性。对于疑似H5亚型等抗原性可能存在较大差别的病毒，应结合其他病毒检测方法进行鉴定。

8 禽流感病毒RT-PCR试验

8.1 适用范围

适用于检测禽组织、分泌物、排泄物、鸡胚培养物等物质中禽流感病毒核酸。

8.2 仪器设备

8.2.1 PCR扩增仪及配套反应管。

8.2.2 高速台式冷冻离心机（离心速度不低于l2000r/min）。

8.2.3 Ⅱ级生物安全柜。

8.2.4 微量移液器（5μL、10μL、100μL、1000μL）及配套吸头与1.5mL离心管。

8.2.5 电泳仪。

8.2.6 电泳槽。

8.2.7 紫外凝胶成像仪。

8.3 试剂

8.3.1 推荐的禽流感病毒RT-PCR引物序列，参见附录D。

8.3.2 RT-PCR反应液，配方参见附录E的E.1。

8.3.3 无核酸酶水，配方参见E.2。

8.3.4 无水乙醇。

8.3.5 阴性对照为SPF鸡胚尿囊液。

8.3.6 阳性对照为灭活的相应亚型禽流感病毒胚培养物。

8.4 RNA提取

可选市售商品化RNA提取试剂盒，按说明书进行。

8.5 RT-PCR操作

取2.5μL（约250ng）提取的RNA加入RT-PCR反应液中，置于PCR仪中，循环参数为：45℃逆转录45min；94℃预变性2min；94℃ 30s、52℃ 45s、68℃ 45s，35个循环；最后68℃延伸8min。

8.6 电泳

PCR产物用1.5%的琼脂糖凝胶电泳进行分析。

8.7 结果判定

在阳性对照出现相应扩增带、阴性对照无此扩增带时判定结果。出现预期大小的扩增片段时，判定为核酸检测阳性，否则判定为阴性。

9 禽流感病毒实时荧光RT–PCR试验

9.1 适用范围

实时荧光RT-PCR适用于检测禽组织、分泌物、排泄物、鸡胚尿囊液等物质中禽流感病毒核酸。

9.2 仪器设备

9.2.1 荧光PCR仪。

9.2.2 其余器材同8.2.2～8.2.4。

9.3 试剂及引物探针序列

推荐的实时荧光RT-PCR引物探针序列参见附录F的F.1。

9.4 样本核酸的提取

可选市售商品化RNA提取试剂盒，按说明书进行。

9.5 实时荧光RT-PCR操作

9.5.1 实时荧光RT-PCR扩增试剂的准备与配制

宜在专门的反应混合物配制区配制实时荧光RT-PCR扩增试剂。根据需要检测的样品数，按推荐的实时荧光RT-PCR反应液配方（参见F.2）配制反应液，充分混匀后分装，每个反应管1.5μL。转移反应管至样本制备区。

9.5.2 加样

宜在专门的样本制备区进行。在9.5.1配好的反应管中分别加入9.4中制备的RNA溶液5μL（约500ng），使每管总体积达到20μL，记录反应管对应的样品编号。盖紧管盖后，500r/min离心30s。

9.5.3 实时荧光RT-PCR反应设定

宜在专门的检测区进行实时荧光RT-PCR反应。将9.5.2中加样后的反应管放入实时荧光RT-PCR检测仪内，编辑样品表后，选定与探针标记荧光基团相符合的检测通道读取荧光信号值，淬灭基团选择none。推荐的实时荧光RT-PCR反应参数设定参见F.3。

9.6 结果判定

9.6.1 结果分析条件设定

综合分析仪器读取的各项数据及扩增曲线，设定合理的阈值（threshold）和基线（baseline），使仪器显示正确的结果。

9.6.2 质控标准

9.6.2.1 阴性对照检测通道读取数据无Ct值或Ct值＞35并且无特征性扩增曲线。

9.6.2.2 阳性对照检测通道读取数据出现特征性扩增曲线，且Ct值应≤30。

9.6.2.3 如阴性和阳性对照不满足以上条件，此次试验视为无效。

9.6.3 结果描述及判定

9.6.3.1 若测定样品Ct值≤30，判为所用引物探针禽流感病毒特定型或亚型核酸阳性。

9.6.3.2 若测定样品30＜Ct值≤35，判为可疑。重复测定后仍在可疑区间的样本判为阳性。

9.6.3.3 若测定样品无Ct值或Ct值＞35，判为阴性。

10 综合判定

10.1 疑似

出现4.2、4.3中的情况，初步判为高致病性禽流感临床疑似病例，若其H5或H7亚型的RT-PCR或实时荧光RT-PCR检测阳性，可判为高致病性禽流感疑似病例。

10.2 确诊

病毒分离物经HA和HI试验确定为流感病毒，且分离物的IVPI值大于1.2，判定为高致病性禽流感病毒；如果IVPI值小于1.2的H5或H7亚型禽流感病毒，在HA裂解位点处具有与HPAI病毒相似的氨基酸序列，亦判定为高致病性禽流感病毒。分离到高致病性禽流感病毒的病例判定为高致病性禽流感确诊病例。

附录A

（规范性附录）

试验所用溶液和1%鸡红细胞的配制

A.1 样品稀释液

样品稀释液的配制方法如下：

a）A液：0.2mol/L磷酸二氢钠水溶液。$NaH_2PO_4 \cdot H_2O$ 27.6g，溶于蒸馏水中，最后定容至1000mL。

b）B液：0.2mol/L磷酸氢二钠水溶液。$Na_2HPO_4 \cdot 7H_2O$ 53.6g，或 $Na_2HPO_4 \cdot 12H_2O$ 71.6g 或 $Na_2HPO_4 \cdot 2H_2O$ 35.6g，加蒸馏水溶解，最后定容至1000mL。

c）0.01mol/L pH7.2磷酸盐缓冲液（PBS）（含抗生素和稳定剂）的配制。取A液14mL，B液36mL，加NaCl 8.5g，用蒸馏水定容至1000mL。经121℃ ±2℃、15min高压灭菌，冷却后，无菌条件下分别加入青霉素2000U/mL、链霉素（2mg/mL）、庆大霉素（50μg/mL）、霉菌抑制素（1000U/mL）和牛血清白蛋白（5mg/mL）。

上述抗生素浓度宜用于组织和咽喉拭子，如果用作粪便和泄殖腔拭子的缓冲液，抗生素浓度可提高5倍。

A.2 阿氏（Alsevers）液配制

称取葡萄糖2.05g、柠檬酸钠0.8g、柠檬酸0.055g、氯化钠0.420g，加蒸馏水至100mL，散热溶解后调pH值至6.1，69kPa 15min高压灭菌，4℃保存备用。

A.3 1%鸡红细胞悬液

采集至少三只SPF鸡或无禽流感和新城疫等抗体的健康公鸡的血液与等体积阿氏液混合，用pH7.2的0.01mol/L PBS洗涤3次，每次均以1000r/min离心10min，洗涤后用PBS配成1%（体积分数）红细胞悬液，4℃保存备用。

A.4 pH7.2，0.01mol/L PBS的配制

pH7.2，0.01mol/L PBS的配制方法如下：

a.配制25×PB：称量2.74g磷酸氢二钠和0.79g磷酸二氢钠加蒸馏水至100mL。

b.配制1×PBS：量取40mL 25×PB，加入8.5g氯化钠，加蒸馏水至1000mL。

c.用氢氧化钠或盐酸调pH至7.2。

d.灭菌或过滤。

e.PBS一经使用，于4℃保存不超过3周。

附录B
（资料性附录）
高致病性禽流感病毒IVPI测定试验

B.1 试验鸡

6周龄SPF鸡，10只。

B.2 接种材料

感染鸡胚的尿囊液，血凝价在1：16（2^4或4log2）以上，未混有任何细菌、霉菌、支原体或其他病毒。

B.3 接种方法

将感染鸡胚尿囊液用PBS 1：10稀释，以0.1mL/羽的剂量翅静脉接种。每日观察每只鸡的发病及死亡情况，连续观察10d。

B.4 记录方法

根据每只鸡的症状用数字方法每天进行记录：正常鸡记为0，病鸡记为1，重病鸡记为2，死鸡记为3。病鸡和重病鸡的判断主要依据临床症状表现，一般而言，"病鸡"表现有下述一种症状，而"重病鸡"则表现下述多个症状，如呼吸症状、沉郁、腹泻、鸡冠和/或肉髯发绀、脸和/或头部肿胀、神经症状。列举1个假设试验来说明IVPI的计算方法，参见表B.1和公式（B.1）。

表 B.1 假设高致病性禽流感病毒致病性试验记录结果

临床症状	第1天	第2天	第3天	第4天	第5天	第6天	第7天	第8天	第9天	第10天	分类总计	得分
正常（a=0）	10	5	3	3	2	1	0	0	0	0	24	0
病鸡（b=1）	0	0	0	0	0	0	0	0	0	0	0	0
重病鸡（c=2）	0	5	2	0	1	1	1	0	0	0	10	20

续表

临床症状	第1天	第2天	第3天	第4天	第5天	第6天	第7天	第8天	第9天	第10天	分类总计	得分
死亡 (d=3)	0	0	5	7	7	8	9	10	10	10	66	198
总计	—	—	—	—	—	—	—	—	—	—	100	218

注1：当IVPI值大于1.2时，判定分离株为高致病性禽流感病毒（HPAIV）。

注2：本试验中IVPI=（0+0+20+198）/100=2.18＞1.2，因此，本试验中的分离株为HPAIV。

B.5 IVPI值计算

IVPI值计算参见公式（B.1）：

$$IVPI = \frac{\sum_a \times 0 + \sum_b \times 1 + \sum_c \times 2 + \sum_d \times 3}{T} \quad\cdots\cdots \quad (B.1)$$

式中：

$\sum_a$——10d累计正常鸡数；

$\sum_b$——10d累计病鸡数；

$\sum_c$——10d累计重病鸡数；

$\sum_d$——10d累计死鸡数；

T——10d累计记录10只鸡的总次数，即100。

B.6 判定标准

B.6.1 当IVPI值大于1.2时，判定此分离株为高致病性禽流感（HPAI）病毒株。

B.6.2 当IVPI值小于1.2时，H5和H7亚型的禽流感病毒应进行血凝素裂解位点的序列分析，如果氨基酸序列同其他高致病性流感病毒相似，被检测的分离物应被视为高致病性禽流感病毒。

附录C

（资料性附录）

血清非特异性凝集和非特异性抑制因子的处理方法

C.1　非特异性凝集因子的处理

有些禽类血清（如水禽、鸽）可能对鸡红细胞产生非特异性凝集，可先用待检血清做HA试验，如果待检血清出现红细胞凝集现象，则说明有非特异凝集因子存在，宜用鸡红细胞对待检血清进行吸附，具体方法为：每0.5mL血清中加入0.025mL50%鸡红细胞，轻摇后静置至少30min，800g离心2～5min，收集上清液（处理后的血清）。用上清液进行HI试验时，需设处理阳性血清对照。或者可用与待检血清宿主来源相同的1%红细胞悬液进行HA和HI试验。

C.2　非特异性抑制因子的处理

C.2.1　胰酶—加热—高碘酸盐法

利用胰酶—加热—高碘酸盐法处理非特异性抑制因子的操作如下：

a.取0.3mL血清，加0.15mL胰酶溶液（8mg/mL：200mg的P-250胰酶溶解于25mL的0.01mol/L、pH值7.0～7.2的PBS中，混匀，过滤除菌，分装并在-15℃以下保存，保存期6个月），混匀后，在56℃水浴灭活30min后冷却至室温。

b.再加入0.9mL高碘酸钾（将230mg KIO_4 用0.01mol/L、pH7.0～7.2的PBS定容至100mL，过滤除菌后避光室温保存，保存期1周），混合，室温孵育15min。

c.再加入0.9mL的丙三醇盐溶液（1mL丙三醇加入99mL的0.01mol/L、pH7.0～7.2的PBS中，混匀，过滤除菌，室温保存），混合，室温孵育15min。

d.最后加入0.75mL生理盐水，混匀，置4℃保存备用。处理后的血清最终为10倍稀释的血清。

C.2.2　受体破坏酶（RDE）处理法

利用RDE处理法处理非特异性抑制因子的操作如下：

a.取1体积血清（50μL），加4体积RDE（200μL），37℃水浴18h（过夜）。

b.再加入5体积（250μL）的1.5%浓度的柠檬酸钠，混匀，置56℃水浴30min（以破坏残余的RDE活性）。

c.将1体积的50%的红细胞加入到10体积RDE处理的血清中（50μL红细胞＋500μL血清），振荡混匀后4℃放置1h，期间可轻轻摇匀悬浮红细胞数次。

d. 1000g离心10min，小心吸取上层上清，用于检测。处理后的血清最终为10倍稀释的血清。

C.2.3　处理非特异性抑制因子后血清HI试验方法

处理后血清HI试验方法如下：

a.第2孔～第11孔加入0.025mL PBS，第12孔加入0.05mLPBS作为空白对照。

b.第1孔、第2孔加入处理后的血清0.025mL，第2孔血清与PBS充分混匀后吸0.025mL于第3孔，依次2倍稀释至第10孔，从第10孔吸取0.025mL弃去。第11孔为抗原对照。

c.第1孔～第11孔均加入0.025mL4HAU抗原，在室温（约20℃）下静置40min或4℃ 60min。

d.每孔加入0.025mL 1%（体积分数）鸡红细胞悬液，震荡混匀，在室温（约20℃）下静置40min或4℃ 60min，对照孔红细胞呈显著纽扣状时判定结果。

e.结果判定。当阴性对照血清抗体效价不高于1：10，阳性对照血清抗体效价与已知效价误差不超过1个滴度时，试验方可成立。以完全抑制4HAU抗原的最高血清稀释倍数判为该血清的HI抗体效价。被检血清HI抗体效价低于1：10判为阴性，不低于1：10判为阳性。

附录D
（资料性附录）
禽流感病毒RT-PCR试验用引物

采用普通RT-PCR方法开展禽流感检测，可根据检测目的基因不同选择引物（参见表D.1）。

表 D.1　禽流感病毒 RT-PCR 试验可选择的引物

引物名称	引物序列 5′—3′	长度 bp	扩增目的基因
M-229U	TTCTAACCGAGGTCGAAAC	229	M
M-229L	AAGCGTCTACGCTGCAGTCC		
H5-372U	GGAATATGGTAACTGCAACACCA	372	H5
H5-372L	AACTGAGTGTTCATTTTGTCAATG		
H7-501U	AATGCACARGGAGGAGGAACT	501	H7
H7-501L	TGAYGCCCCGAAGCTAAACCA		
H9-273U	TGTGTCTTACGATGGGACAAGCA	273	H9
H9-273L	TTGACAAGAGGCCTTGGTCCTAT		
N1-358U	ATTRAAATACAAYGGYATAATAAC	358	N1
N1-358L	GTCWCCGAAAACYCCACTGCA		
N2-377U	GTGTGYATAGCATGGTCCAGCTCAAG	377	N2
N2-377L	GAGCCYTTCCARTTGTCTCTGCA		
N9-203U	ATAATGAAACAAACATCACCAA	203	N9
N9-203L	AGCATAGAACCTGCATTCATCT		

注：W=（AT）；Y=（CT）；R=（AG）。

附录E

（资料性附录）

RT-PCR反应液配制

E.1 RT-PCR反应体系

每个RT-PCR反应体系包括的组分参见表E.1。

表 E.1 RT-PCR 反应液配方

组分	1 个检测体系的加入量 /μL
5× 反应缓冲液	5.0
10mmol/L dNTP	0.5
15mmol/L 氯化镁	1.0
20 pmol 上游引物	0.5
20 pmol 下游引物	0.5
AMV 反转录酶（200U/μL）	0.5
Taq DNA 聚合酶（5U/μL）	0.5
无核酶灭菌水	14.0

E.2 无核酸酶水

将 DEPC 加入去离子水中至终浓度为 0.1%，充分混合均匀后作用 12h，分装，（121±2）℃高压灭菌30min，冷却后冷藏备用。

附录F

（资料性附录）

实时荧光RT-PCR引物探针序列及反应液配方

F.1 引物和探针

采用实时荧光 RT-PCR 方法开展禽流感检测，可根据检测目的基因参见表 F.1 提供的序列合成引物和探针，纯度为 HPLC 级，用 RNase-

Free灭菌水溶解并稀释至终浓度10μmol/L，–20℃保存备用。

表 F.1　禽流感病毒实时荧光 RT–PCR 试验可选择的引物和探针

引物和探针名称	序列（5'-3'）
M 上游引物	GACCRATCCTGTCACCTCTGAC
M 下游引物	AGGGCATTYTGGACAAAKCGTCTA
M 探针	TGCAGTCCTCGCTCACTGGGCACG
H5 上游引物	AGGGAGGATGGCAGGGAATG
H5 下游引物	TCTTTGTCTGCAGCGTACCCACT
H5 探针	ATGGTTGGTATGGGTACCACCATAGCAATG
H7 上游引物	CTAATTGATGGTTGGTATGGTTTCA
H7 下游引物	AATTGCCGATTGAGTGCTTTT
H7 探针	CAGAATGCACAGGGAGAGGGAACTGCT
N6 上游引物	TGCAGGATGTTTGCTCTGAGTC
N6 下游引物	CGAAATGGGCTCCTATCATGTAT
N6 探针	ACAACACTCAGAGGGCAACATGCGAAT
N8 上游引物 1	TCCATGYTTTTGGGTTGARATGAT
N8 下游引物 1	GCTCCATCRTGCCAYGACCA
N8 探针 1	TCHAGYAGCTCCATTGTRATGTGTGGAGT
N9 上游引物	CAGAAGGCCTGTTGCAGAAATT
N9 下游引物	CCGTTGTGGCATACACATTCAG
N9 探针	CACATGGGCCCGAAACATACTAAGAACACA
H9 上游引物	GCTGGAATCTGAAGGAACTTACAAA
H9 下游引物	AGGCAGCAAACCCCATTG
H9 探针	TCCTCACCATTTATTCGACTGTCGCCTC
HPH7 上游引物	CAAAGGAGTCTTCTGCTGGCA
HPH7 下游引物	TAGGCCTCTCGCAGTCCGT
HPH7 探针	CAGGGATGAAGAATGTTCCTGAGGTTCCAA

注1：M和N8引物探针引自OIE。

注2：R=（AG）；Y=（CT）；K=（GT）；H=（ATC）。

F.2　实时荧光RT–PCR反应液配方

每个反应体系包括的组分参见表F.2。

表 F.2　实时荧光 RT–PCR 反应液配方

组分	1 个检测体系的加入量 /μL
2×RT 缓冲液	10.0
酶混合液	0.5
上游引物（10μmol/L）	0.8
下游引物（10μmol/L）	0.8
探针（10μmol/L）	0.4
无核酶灭菌水	2.5

F.3　实时荧光RT–PCR反应参数

推荐的实时荧光RT–PCR反应参数：第一阶段，反转录45℃/15min；第二阶段，预变性95℃/2min；第三阶段，95℃/15s，60℃/60s，40个循环，在第三阶段每次循环退火延伸时收集荧光。试验结束后，根据收集的荧光曲线和Ct值判定结果。

F.4　注意事项

在检测过程中，应严防不同样品间的交叉污染。反应液分装时应避免产生气泡，上机前检查各反应管是否盖紧，以免荧光物质泄露污染仪器。

主要参考文献

[1] 林其骙. 鹌鹑高效益饲养技术. 北京：金盾出版社，2005.

[2] 杨勇正，李思宇. 鹌鹑饲养技术. 北京：中国林业出版社，1988.

[3] 卫功庆. 特种动物养殖. 北京：高等教育出版社，2004.

[4] 邓位喜，肖礼华，史忠辉，等. 蛋用鹌鹑标准化规模养殖模式研究[J]. 农技服务，2010，27（09）：1200-1201.

[5] 连京华，祝伟，孙凯，等. 人工智能技术在家禽生产中的应用[J]. 中国家禽，2018，40（09）：61-63.

[6] 赵秀美，章明，周生，等. 家禽疾病远程诊断平台的构建[J]. 中国家禽，2017，39（24）：53-55.

[7] 连京华，孙凯，祝伟，等. 基于智能巡检机器人的家禽健康管理系统研究[J]. 山东农业科学，2019，51（07）：152-155.

[8] 许译丹，谢秋菊，刘洪贵，等. 家禽精细养殖过程中的监测方法研究进展[J]. 家畜生态学报，2019，40（02）：80-85.

[9] 史雪萍，吕祥娟，周小桐，等. 保存温度、湿度和时间对鹌鹑种蛋孵化成绩的影响[J]. 中国畜牧杂志，2021，57（02）：219-223.

[10] 史雪萍，吕祥娟，毕慧娟，等. 鹌鹑种蛋适宜孵化温度、相对湿度和翻蛋参数研究[J]. 中国畜牧杂志，2021，57（03）：177-180.

[11] 张碧兰. 鹌鹑种蛋贮存及育雏管理[J]. 中国畜禽种业，2020，16（05）：173.

[12] 李延杰. 鹌鹑种蛋孵化及育雏技术[J]. 黑龙江动物繁殖，2019，27（05）：29-30.